Die

Explosionsgefahr beim Fasspichen

und

die Mittel zu deren Verhütung.

Gutachten

im Auftrag des deutschen Brauerbundes

erstattet von

Dr. H. Bunte, und **Dr. P. Eitner,**

Geheimer Hofrat, Professor   Privatdozent

an der Technischen Hochschule zu Karlsruhe.

Zweite, verbesserte Auflage.

Mit 21 Textfiguren.

München und Berlin 1904.

Druck und Verlag von R. Oldenbourg.

Vorwort.

Vor nunmehr 20 Jahren habe ich die Frage der Faſsexplosionen beim Pichen einer eingehenden Erörterung unterzogen und an der Hand der damals üblichen Pichmethoden die Ursachen der zahlreichen Unfälle dargelegt, welche die Picharbeit mit sich bringt. Die Erkennung der Explosionsursachen ermöglichte die Aufstellung von »Regeln« für das Pichen, deren Befolgung geeignet war, die Unfallgefahren wesentlich einzuschränken. Diese Regeln wurden von dem Deutschen Brauerbunde in die Unfallverhütungsvorschriften aufgenommen, und sie haben sich in der Praxis durchaus bewährt. Sie bilden auch heute noch die Grundlage für die bei der Picharbeit zu befolgenden Anweisungen.

Inzwischen hat indessen die Technik des Faſspichens erhebliche Fortschritte gemacht. Neue Methoden für das Entpichen und Pichen der Fässer sind in Aufnahme gekommen, und eine ganze Reihe moderner Pichapparate zeugt von der regen Tätigkeit der Fabrikanten auf diesem Gebiete. Die Einführung der neuen Verfahren und Apparate hat aber naturgemäſs auch neue Unfallmöglichkeiten und speziell neue Explosionsgefahren mit sich gebracht. Trotz Anwendung verbesserter Pichmethoden hat sich die Zahl der Unglücksfälle nicht wesentlich vermindert. Die früher gegebenen Regeln und Anweisungen reichten offenbar nicht mehr aus, und es trat das Bedürfnis nach einer Erweiterung bzw. Vervollständigung derselben hervor.

Der Deutsche Brauerbund hat daher durch seinen Vorsitzenden, Herrn Kommerzienrat F. Henrich, an mich das Ersuchen gerichtet, das früher erstattete Gutachten über »Die Explosionsgefahr beim Faſspichen und die Mittel zu deren Verhütung« einer erneuten Bearbeitung auf der durch die Fortschritte der Pichereitechnik geschaffenen neuen Basis zu unterziehen. Ich habe diese Aufgabe gern übernommen, zumal da inzwischen auch die wissenschaftliche Forschung auf dem verwandten Gebiete der Gasexplosionen unsere Kenntnis der Explosionsbedingungen erweitert und praktische Mittel zur Vermeidung von Gefahren an die Hand gegeben hat.

Frägt man zunächst nach den Ursachen der trotz aller Vorschriften und Belehrungen immer noch recht häufigen Faſsexplosionen, so sind leider die positiven Anhaltspunkte in der Regel nur sehr spärlich, weil in den meisten Fällen die Umstände, welche den unmittelbaren Anlaſs zum Eintritt der Katastrophe gegeben haben, nach der Explosion nur unsicher oder gar nicht mehr festzustellen waren. So ist man hier meist nur auf Vermutungen angewiesen, und vielfach fehlt die sichere Grundlage zur Beurteilung des einzelnen Falles.

Ganz allgemein aber ergibt sich aus der Durchsicht der Unfallberichte, daſs in den beteiligten Kreisen eine groſse Unklarheit, ja fast völlige Unkenntnis über das Wesen der Explosion und deren Bedingungen die Regel bildet. Diesem Umstande sind fehlerhafte Einrichtungen und falsche Manipulationen zuzuschreiben, und sicher darf angenommen werden, daſs hierin der tiefere Grund wohl der meisten hier in Frage kommenden Unfälle zu suchen ist.

Die Grundlage aller Bemühungen zur Einschränkung der Explosionsgefahren beim Faſspichen wird daher eine eingehende Belehrung über das Wesen der explosiven Verbrennung und die Bedingungen ihrer Entstehung zu bilden haben. Auf dieser Basis werden dann die Vorgänge beim Erhitzen des Peches sowie die verschiedenen Pichverfahren und Apparate kritisch zu besprechen sein. Hieraus werden sich unschwer die Grundsätze und Regeln ableiten lassen, deren Beachtung zur Einschränkung der Unfallgefahren unumgänglich nötig ist.

In gleicher Weise habe ich bei Erstattung des früheren Gutachtens das damals vorliegende Material bearbeitet. Ich habe deshalb geglaubt, bei der neuen Bearbeitung, die ich gemeinsam mit Herrn Dr. Eitner vorgenommen habe, die Form und Einteilung des früheren Gutachtens beibehalten zu sollen. Inhaltlich dagegen sind diejenigen Erweiterungen und Ergänzungen ausgeführt worden, welche der gegen früher veränderte Stand der Pichereitechnik erforderlich macht. Soweit nur irgend angängig, habe ich die Ausführungen über die Verbrennungsvorgänge und die Explosionsursachen bzw. -bedingungen elementar behandelt, um sie auch dem Laien verständlich zu machen; denn ich lege das gröſste Gewicht darauf, daſs auch der einfache, mit der Ausführung der Picharbeiten betraute Arbeiter die Explosionsmöglichkeiten und deren Ursachen versteht, damit er nicht unbewuſst verhängnisvolle Fehler macht.

So gebe ich diese Arbeit hinaus in der Hoffnung und mit dem Wunsche, daſs dieselbe beitragen möge, Leben und Gesundheit der mit der Picherei betrauten Arbeiter zu schützen und die Unglücksfälle durch Explosionen beim Faſspichen zu beseitigen.

H. Bunte.

Inhalt.

I. Explosionserscheinungen.

Eine Explosion im Sinne der hier zu betrachtenden Vorgänge ist eine plötzliche Verbrennung von brennbaren Gasen oder Dämpfen z. B. Pechdämpfen, welche mit Luft gemischt in Gefäfsen, z. B. Fässern, eingeschlossen sind und in irgend einer Weise entzündet werden. Dabei wird fast momentan der ganze Inhalt des Gefäfses zu einer grofsen Flamme von sehr hoher Temperatur, welche bewirkt, dafs die entstehenden Verbrennungsgase sich augenblicklich sehr stark ausdehnen, oder aber, wenn sie daran verhindert werden, einen sehr starken Druck auf die Gefäfswände ausüben. Hält das Gefäfs diesen gewaltigen Druck oder Stofs der Verbrennungsgase nicht aus, so wird es zersprengt, und seine Bruchstücke werden in der Regel mit grofser Gewalt umhergeschleudert. Man hat dann eine Explosion im gewöhnlichen Sinne des Wortes. Ihre Ursache ist stets ein Verbrennungsvorgang.

Es wird nun zunächst unsere Aufgabe sein, die Bedingungen kennen zu lernen, von welchen der Eintritt einer solchen explosiven Verbrennung abhängig ist.

Damit überhaupt eine Verbrennung möglich ist, mufs vorhanden sein:

    1. eine brennbare Substanz,

    2. Luft, welche den zur Verbrennung nötigen Sauerstoff liefert.

Wird nun die Luft zu der brennenden Substanz allmählich zugeführt, so entsteht eine ruhige Verbrennung, sind aber brennbare Gase oder Dämpfe innig mit Luft gemischt, derart, dafs jedes brennbare Teilchen die nötige Luft in seiner unmittelbaren Nähe hat, so wird bei der Entzündung die Verbrennung fast momentan durch die ganze Mischung hindurch verlaufen, und es entsteht eine Explosion.

Daraus folgt:

> Die erste Vorbedingung für den Eintritt einer Explosion ist das Vorhandensein einer **Mischung entzündlicher Gase oder Dämpfe mit Luft.**

Umgekehrt ist überall, wo sich eine solche Mischung brennbarer Gase oder Dämpfe mit einer ausreichenden Menge von Luft bilden oder ansammeln kann, die Möglichkeit einer Explosion gegeben. Eine solche Mischung heißt deshalb kurzweg ein explosives Gemisch. Damit aber die Explosion auch wirklich zustande kommt, muß das explosive Gemisch erst entzündet werden.

Daraus folgt:

> Die zweite Vorbedingung für den Eintritt einer Explosion ist die **Entzündung** des explosiven Gemisches.

Betrachten wir nun die Vorgänge bei der Explosion im einzelnen, so haben wir folgende Punkte zu unterscheiden:

1. Die Einleitung der Explosion, d. i. die Entzündung;
2. die Fortpflanzung der Verbrennung im Gemisch;
3. die Grenzen der Explosionsmöglichkeit;
4. den Explosionsdruck.

Diese vier Punkte sollen im folgenden kurz besprochen werden.

1. Entzündung. Da die Explosion nach dem oben Gesagten ein Verbrennungsvorgang ist, so leuchtet ohne weiteres ein, daß ein Gemisch brennbarer Gase oder Dämpfe mit Luft bei gewöhnlicher Temperatur nicht explodieren kann, wenn es nicht entzündet wird. Ja man kann ein Gefäß, in welchem sich ein solches explosives Gemisch befindet, in kochendes Wasser tauchen oder selbst auf 200^0 bis 400^0 erhitzen, ohne daß eine Explosion erfolgt; denn bei diesen noch verhältnismäßig niedrigen Temperaturen findet eben noch keine Entzündung statt. Auch ein heißes, noch nicht sichtbar glühendes Eisen vermag solche explosive Mischungen, wie sie hier in Betracht kommen, noch nicht zu entzünden. Wird aber das Eisen hellrot oder weißglühend gemacht, so kann es die Entzündung bewirken und damit die Explosion veranlassen.

Aus dem Gesagten folgt, daß zur Entzündung der explosiven Mischungen eine bestimmte Temperatur erreicht werden muß, die man deshalb die Entzündungstemperatur nennt. Dieselbe ist für verschiedene Gas- oder Dampf-Luft-Mischungen verschieden, sie liegt indessen meist zwischen 500^0 und 700^0 C. Alle Flammen von Holz, Pech, Gas usw. sind wesentlich heißer und besitzen demnach stets die Fähigkeit, explosive Mischungen zu entzünden, ebenso auch elektrische Funken; dagegen können heiße Körper oder Gasströme, deren Temperatur geringer ist als 500^0 C. eine Entzündung explosiver Gemische nicht bewirken.

2. Fortpflanzung der Verbrennung. Um die Vorgänge der
explosiven Verbrennung besser verfolgen zu können, denken wir uns ein explosives Gas-Luftgemisch in einem aufrechtstehenden, zylindrischen Gefäfs, ein-
geteilt in lauter dünne Schichten 1, 2, 3. 4 usw., die unmittelbar aufein-
anderliegen. Nun wird an die Mündung des Gefäfses eine Zündflamme
gebracht und dadurch die erste Schicht auf die
Entzündungstemperatur erhitzt. Sie wird sich daher
entzünden und verbrennen. Durch diese Verbrennung aber wird eine gewisse Wärmemenge entwickelt,
welche zunächst in den Verbrennungsprodukten enthalten ist, und welche diesen eine gewisse hohe Temperatur erteilt. Da aber die zweite Schicht mit der
ersten in unmittelbarer Berührung steht, so wird
durch Wärmeübertragung auch die zweite Schicht
heifs werden. Erreicht sie dabei die Entzündungstemperatur, so wird auch sie zur Verbrennung
kommen und in gleicher Weise die dritte Schicht
auf die Entzündungstemperatur erhitzen, so dafs
auch diese verbrennen und die Entzündung auf
die nächste Schicht übertragen kann usw. Die
Entzündung pflanzt sich daher von Schicht zu Schicht durch das ganze
Explosionsgemisch hindurch fort, und zwar mit grofser Geschwindigkeit.
So entsteht eine Explosion.

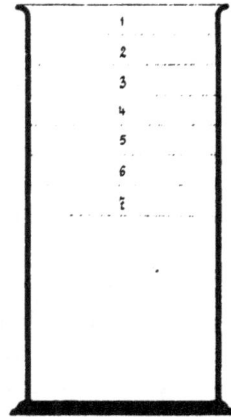

3. Die Grenzen der Explosionsmöglichkeit, die sog. Explosionsgrenzen. Bei der eben gegebenen Darstellung des Verlaufes einer
Explosion war angenommen, dafs die bei der Verbrennung einer Schicht
entstehende Wärmemenge ausreicht, um die nächste Schicht auf die Entzündungstemperatur zu erhitzen. Und in der Tat bildet dieser Umstand
eine wesentliche Bedingung für das Zustandekommen der Explosion. Denn
wenn die in der ersten Schicht entstehende Wärmemenge nicht ausreicht,
um die Nachbarschicht zu entzünden, so kann sich auch die Verbrennung
nicht fortpflanzen, und damit ist die Entstehung einer Explosion ausgeschlossen.

Solche Umstände können eintreten:
1. wenn das Gemisch zu wenig brennbare Gase oder Dämpfe
enthält;
2. wenn das Gemisch zu wenig Luft enthält.

In beiden Fällen ist die Verbrennung beeinträchtigt und daher die
Wärmeentwicklung geschwächt. Im ersten Fall wird die Verbrennung nicht
genügend genährt aus Mangel an brennbarer Substanz, im zweiten Fall
erstickt die Flamme aus Mangel an Luft.

Ein Beispiel wird das deutlich machen. Wir wählen dazu eine Mischung von Luft und Leuchtgas, die sich ganz ähnlich verhält wie die beim Pichen auftretenden Gemische von Luft und Pechdämpfen.

Werden 15 l Leuchtgas mit 85 l Luft gemischt, so hat man ein explosives Gemenge, das bei der Entzündung sofort heftig explodiert. Werden dagegen nur 10 l Leuchtgas und 90 l Luft gemischt, so ist die Explosion bei der Entzündung schwächer, und sie verliert weiter an Heftigkeit, wenn die Mischung noch ärmer an Leuchtgas gemacht wird, bis sie gänzlich aufhört, wenn das Gemisch in 100 Raumteilen nur noch 7 Teile Leuchtgas oder weniger enthält. Hier ist das Leuchtgas durch die Zumischung von Luft so weit verdünnt worden, daſs seine Flamme nicht mehr die nötige Wärme besitzt, um die Nachbarschichten zur Entzündung zu bringen; daher findet keine Fortpflanzung der Verbrennung, also auch keine Explosion mehr statt. Bei 7 Teilen Leuchtgas in 100 Teilen des Gemenges hat man die »untere Explosionsgrenze« erreicht.

Ganz ähnlich liegen die Dinge, wenn im Gemisch das Leuchtgas im Verhältnis zur Luft vermehrt wird. Die Heftigkeit der Explosion nimmt dabei mehr und mehr ab, bis dieselbe ganz aufhört, wenn in 100 Teilen des Gemisches mehr als 25 Teile Leuchtgas, bzw. weniger als 75 Teile Luft enthalten sind. Bei 25% Leuchtgas hat man die »obere Explosionsgrenze« erreicht. Hier ist es der Luftmangel, welcher die Flamme ersticken läſst, so daſs sich die Verbrennung nicht fortpflanzen kann.

Aus dem Mitgeteilten ergibt sich:

      Eine Explosion kann nur dann eintreten, wenn die brennbaren Gase und Dämpfe in bestimmtem Verhältnis mit Luft gemischt sind.

Ein groſser Überschuſs von Luft verhindert ebenso die Explosion wie ein Überschuſs an brennbaren Gasen oder Dämpfen. Die Grenzen aber, innerhalb deren die Mischungen explosiv sind, die »Explosionsgrenzen«, hängen in erster Linie von der chemischen Natur der in den Mischungen enthaltenen brennbaren Stoffe ab und sind für die verschiedenen Gase und Dämpfe auſserordentlich verschieden.

So genügt z. B. von den schweren Öl- und Pechdämpfen, welche beim Pichen mit Einspritzapparaten entstehen, schon eine Zumischung von 1 l zu 99 l Luft, um ein explosives Gemenge zu erzeugen. Dagegen sind vom Kohlenoxydgas, das sich im Pichofen bildet, mindestens 16 l auf 84 l Luft zur Bildung eines Explosionsgemisches erforderlich, aber es explodieren auch noch Mischungen, die 75 Teile Kohlenoxydgas neben nur 25 Teilen Luft enthalten.

Man ersieht hieraus, in wie weiten Grenzen die Explosionsmöglichkeiten schwanken können, und es ist einleuchtend, daſs man in der Pichereipraxis, die stets Gelegenheit zur Entwicklung brennbarer Gase und Dämpfe bietet, keineswegs immer in der Lage sein wird, die Bildung explosiver Mischungen ganz zu vermeiden. Man wird vielmehr sein Augenmerk darauf zu richten haben, entweder die Ansammlung größerer Mengen von explosiven Gemischen zu verhüten, oder aber, wo das nicht angängig ist — wie z. B. beim Pichen mit Einspritzapparaten — wenigstens jede Möglichkeit einer Entzündung der Gemische auszuschliefsen.

4. Der Explosionsdruck. Wird ein explosives Gemisch der hier betrachteten Art entzündet, so durchläuft die Explosionsflamme dasselbe mit grofser Geschwindigkeit und bringt die Gase fast momentan auf eine Temperatur, die bei günstigen Explosionsbedingungen etwa 1900 bis 2000° C betragen kann. Durch diese plötzliche Erhitzung werden die Gase um etwa das Siebenfache ihres ursprünglichen Volumens ausgedehnt. Findet aber die Explosion in einem geschlossenen Raume statt, so dafs die Gase sich nicht frei ausdehnen können, so üben sie einen Druck auf die sie einschliefsenden Wandungen aus, der etwa sieben Atmosphären beträgt, das sind rund 7 kg auf jeden Quadratzentimeter. Betrachten wir nun ein Lagerfafs von 30 bis 35 hl Inhalt, so besitzen dessen Böden je einen Flächeninhalt von rund 1,5 qm oder 15000 qcm. Demnach kann im Falle einer Explosion auf jedem Fafsboden ein Druck von 7 × 15000 oder 105000 kg lasten. Einem solchen Druck vermag natürlich kein Fafs zu widerstehen und da die Fafsböden am leichtesten nachgeben, so werden diese in der Regel zersplittert und mit grofser Gewalt umhergeschleudert.

Die Heftigkeit der Explosion ist dabei wesentlich bedingt durch den Umstand, dafs der Explosionsdruck, wie oben gesagt, fast momentan in seiner ganzen Gröfse entsteht und daher wie ein gewaltiger Stofs wirkt. So ist es auch erklärlich, dafs selbst grofse Öffnungen im Fafs, wie z. B. das offene Türchen beim Kolbenpichen, die Zertrümmerung nicht immer verhindern können. Denn diese Öffnungen sind häufig viel zu klein, um die geprefsten Gase rasch genug entweichen zu lassen, und ehe hier noch ein nennenswerter Druckausgleich stattfinden kann, ist längst das Fafs zerschmettert.

Die genaue Kenntnis der im vorstehenden geschilderten Verhältnisse und Vorgänge bildet die Grundlage für die Beurteilung der Gefahren, welche überall da auftreten können, wo brennbare Gase oder Dämpfe sich entwickeln und Gelegenheit haben, sich mit Luft zu mischen. Das aber ist beim Pichen und Entpichen fast stets der Fall, und hier gibt uns das Studium der Explosionserscheinungen die Mittel an die Hand, die Explosionsgefahren zu vermeiden und Unglücksfälle zu verhüten.

II. Das Verhalten des Peches beim Erhitzen.

In der Fachliteratur finden sich mehrere wertvolle Arbeiten[1]) über die Eigenschaften, die Analyse und die Veränderungen des Peches beim Erhitzen; doch ist dort der Gegenstand hauptsächlich vom Gesichtspunkte der Qualitätsbeurteilung aus behandelt. Hier aber sollen bei Beantwortung der Frage: »Wie verhält sich das Pech beim Erhitzen?« nur diejenigen Punkte besprochen werden, welche für die Explosionsgefahr in Betracht kommen.

Um zunächst einen Überblick über die verschiedenen im Gebrauch befindlichen Pechsorten zu geben, ist anzuführen, dafs alle Brauerpeche entweder direkt aus dem Fichtenharz oder aus den hieraus durch Destillation gewonnenen Produkten, Kolophonium und Harzöl, hergestellt werden.

Wird das rohe Fichtenharz geschmolzen und mäfsig erhitzt, so entweicht ein Teil der darin enthaltenen terpentinartigen Bestandteile, und es hinterbleibt als Rückstand das »Naturfichtenpech«. Bei stärkerer und längerer Erhitzung werden die terpentinartigen Bestandteile vollständig abgetrieben, und es resultiert das »Kolophonium«. Wird dieses nun weiter und stärker erhitzt, so zersetzt es sich: es entweichen brennbare Gase und gleichzeitig bilden sich Öldämpfe, welche beim Abkühlen in geeigneten Apparaten das sog. »Harzöl« liefern.

Wird Kolophonium mit Harzöl in passendem Verhältnis zusammengeschmolzen, so erhält man das sog. »Harzölpech«, das heutzutage ganz allgemein, mit oder ohne Zusatz von Naturpech zum Pichen von Fässern aller Art Verwendung findet. Daneben hat sich in neuerer Zeit eine Pechsorte rasch Eingang in die Praxis verschafft, die durch einfaches Überhitzen von Kolophonium, meist mit nachträglichem Zusatz von etwas Harzöl, hergestellt wird und unter dem Namen »Reformpech« oder »Universalpech« und anderen Bezeichnungen in den Handel kommt.

Wie hieraus ersichtlich, bildet ein und derselbe Stoff, das Kolophonium, den Grundbestandteil aller Pechsorten, und daher kommt es, dafs dieselben sich beim Erhitzen auch alle ähnlich verhalten. Gewisse Unterschiede

[1]) Ztschr. f. d. ges. Brauwesen, Dr. J. Brand:
1. Welche Beschaffenheit mufs ein Brauerpech haben? Jahrg. 1892. S. 445 und 455.
2. Über die Analyse von Brauerpech. Jahrg. 1893. S. 67.
3. Beiträge zur Kenntnis des Brauerpechs. Jahrg. 1895. S. 137 und 145.
4. Die Veränderung in der Zusammensetzung und die Eigenschaften des Peches bei mehrstündiger Picharbeit. Jahrg. 1899, S. 687.
5. Beiträge zur Kenntnis des Brauerpechs. Jahrg. 1901. S. 97.

werden indessen durch den mehr oder minder grofsen Gehalt an Ölen bedingt, denen die Peche ihre Geschmeidigkeit bzw. Zähigkeit verdanken. Im allgemeinen enthält das Naturpech am meisten solcher öliger und beim Erhitzen flüchtiger Bestandteile; weniger enthält in der Regel das Harzöl- pech und noch weniger das Pech aus überhitztem Kolophonium. Demnach werden diese Pechsorten beim Erhitzen auf mäfsige Temperatur, bei der sie noch keine Zersetzung erleiden, auch sehr verschiedene Mengen von Öl- dämpfen entwickeln, was leicht an der Gewichtsabnahme erkannt werden kann. So zeigten Versuche im kleinen, bei denen drei Proben der genannten drei Pechsorten zwei Stunden in einem schwachen Luftstrom auf 175° C erhitzt wurden, folgende

Gewichtsverluste durch Entweichen flüchtiger Öle:

Tiroler Fichtenpech	Transparentpech	Neutralpech
Naturpech	Harzölpech	Überhitztes Koloph.
4,9 %	4,2 %	3,5 %

Selbstverständlich wächst dieser Verlust sehr beträchtlich mit steigender Temperatur und auch bei längerer Dauer der Erhitzung. So ergaben sich bei Versuchen, die in der oben angegebenen Weise ausgeführt wurden, folgende

Gewichtsverluste von Harzölpech bei zweistündigem
Erhitzen auf

175° C	200° C	250° C
4,2 %	12,8 %	34,3 %

Hieraus ist ohne weiteres zu ersehen, wie beträchtlich unter Umständen die Entwicklung von Öldämpfen (Pechdämpfen) werden kann.

Da diese Dämpfe mit Luft gemischt explosive Gemenge zu bilden vermögen, so ist klar, dafs die Explosionsmöglichkeit um so eher erreicht werden wird, je mehr flüchtige Öle das Pech enthält und je leichter, d. h. bei je niedrigerer Temperatur, sie entweichen. Man kann nun leicht die Temperatur ermitteln, bei welcher das Pech, in einem geschlossenem Raum erhitzt, zum erstenmal die Fähigkeit erlangt, so viel brennbare Dämpfe zu entwickeln, dafs ein explosives Gemenge entsteht, welches bei der Entzün- dung verpufft. Diese Temperatur nennt man den »Flammpunkt« des Peches.

Bei der Prüfung der oben genannten drei Pechsorten ergaben sich folgende

Flammpunkte.[1)]

Tiroler Fichtenpech	Transparentpech	Neutralpech
Naturpech	Harzölpech	Überhitztes Koloph.
118° C	137,5° C	163° C

[1)] Die Bestimmungen wurden mit dem Apparat von Abel-Pensky-Martens aus- geführt.

Hier zeigt sich, dafs das Naturpech mit dem gröfsten Gehalt an flüchtigen Ölen auch am leichtesten explosive Gemenge zu bilden vermag, während das Pech aus überhitztem Kolophonium, das den niedrigsten Gehalt an flüchtigen Ölen aufweist, erheblich höher erhitzt werden mufs, um eine Verpuffung zu ermöglichen.

Wird das Pech längere Zeit an der Luft erhitzt, wie das bei dem sog. Vorkochen desselben geschieht, so entweichen die flüchtigsten Öle, und damit erhöht sich natürlich auch der Flammpunkt. Immer aber bleibt er so niedrig, dafs bei der nachherigen Verwendung des vorgekochten Peches zum Fafspichen stets die Möglichkeit der Bildung explosiver Gemenge gegeben ist.

Aus den vorstehenden Darlegungen ergibt sich:

> Die im Gebrauch befindlichen Pechsorten entwickeln alle schon unter 200° C soviel entzündliche Dämpfe, dafs explosive Gemenge entstehen können.

Die Bildung explosiver Gemenge im lufterfüllten Fafs wäre demnach nur dann ausgeschlossen, wenn es möglich wäre, die Pechtemperatur in der Praxis so niedrig zu halten, dafs keine nennenswerten Mengen von Pech- bzw. Öldämpfen entstehen könnten. Bei niedriger Temperatur aber ist das Pech nicht genügend dünnflüssig. Die Dünnflüssigkeit des Peches bei verschiedenen Temperaturen kann danach beurteilt werden, wieviel Pech in einer bestimmten Zeit und unter sonst gleichen Umständen aus einer Öffnung von bestimmtem Querschnitt ausläuft. Lassen wir nun Pech bei einer Temperatur von 100°, 125°, 150°, 175° und 200° aus einem mit Loch am Boden versehenen Gefäfs[1]) auslaufen und messen jeweils die in gleichen Zeiten auslaufenden Mengen, so finden wir, dafs dieselben sich verhalten:

bei	100°	125°	150°	175°	200°
wie	1 :	5 :	22 :	36 :	46

Diese Versuche zeigen, dafs die Dünnflüssigkeit des Peches in hohem Mafse von der Temperatur abhängig ist. Erst bei etwa 200° wird das Pech so dünnflüssig, wie das zur Erzielung eines guten Pechüberzuges im Fafs erforderlich ist. Selbstverständlich werden die hier als Beispiel gegebenen Zahlen je nach der Beschaffenheit und Vorbehandlung des Peches in gewissen Grenzen schwanken können, doch zeigen dieselben deutlich, dafs in der Regel die bei der Picharbeit erforderliche Pechtemperatur oberhalb des Flammpunktes liegt, so dafs stets die Möglichkeit der Bildung explosiver Gemenge im lufterfüllten Fafs gegeben sein wird.

---

[1]) Englersches Viscosimeter.

Während bei den bisher betrachteten Temperaturen bis 200⁰ und etwas darüber nur die im Pech enthaltenen flüchtigen Öle dampfförmig entweichen, findet beim Überhitzen eine tiefgreifende chemische Veränderung des Peches statt. Etwa bei 300⁰ C beginnt eine energische Zersetzung. Es entwickeln sich brennbare Gase und gleichzeitig entstehen grofse Mengen von Öldämpfen (Harzöl) neben anderen hier nicht in Betracht kommenden Zersetzungsprodukten. Der Prozefs verläuft ganz ähnlich der Zersetzung des Kolophoniums bei der Darstellung von Harzöl und ist bei allen Pechsorten annähernd der gleiche.

Wiederholte Untersuchungen der Gase aus verschiedenen Pechsorten ergaben stets die gleichen Bestandteile: neben grofsen Mengen von Kohlensäure waren Kohlenoxyd, Wasserstoff, Grubengas und sog. schwere Kohlenwasserstoffe (Äthylen, Benzol und deren Verwandte) gebildet worden. Das Mengenverhältnis dieser Bestandteile aber ist je nach der Art der Erhitzung und anderen Umständen sehr verschieden. So ergab z. B. die Analyse der Gase

	Fichtenpech	Harzölpech
Kohlensäure	53,5 %	43,5 %
Kohlenoxyd	8,3 »	32,3 »
Wasserstoff	10,2 »	6,4 »
Grubengas und Verwandte . .	9,8 »	16,0 »
Schwere Kohlenwasserstoffe .	18,2 »	1,8 »
	100,0 %	100,0 %

Für die Beurteilung der hier vorliegenden Frage ist indessen das Mengenverhältnis der einzelnen Bestandteile nicht von Belang. Die oben angeführten Versuche haben nur den Zweck, zu zeigen, dafs bei der Erhitzung des Peches auf 300⁰ und darüber, brennbare Gase entstehen, die mit dem Leuchtgas eine gewisse Ähnlichkeit haben, und die, mit Luft gemischt, explosive Gemenge zu bilden imstande sind. Sie zeigen ferner, dafs die Zersetzungstemperatur nur um etwa 100⁰ höher liegt als die Temperatur, bei welcher das Pech vollkommen dünnflüssig und zum Pichen geeignet ist. Um daher Überhitzung zu vermeiden und eine Zersetzung des Peches zu verhüten ist dringend zu empfehlen, die Pechtemperatur mittels eines geeigneten Thermometers fortlaufend zu kontrollieren.

Aus den vorstehenden Darlegungen ergibt sich nun für die Picharbeit das Folgende:

Ganz allgemein wird man bei allen Pichverfahren stets die Pechtemperatur so niedrig zu halten haben, als das nach Lage der Verhältnisse möglich ist. Aber auch unter diesen Umständen werden bei Verwendung des heifsen Peches immer noch mehr oder minder grofse Mengen brennbarer Dämpfe entwickelt werden, die, mit Luft gemischt, explosive Gemenge zu bilden imstande sind. Beim Entpichen mittels Heifsluftapparaten und

beim Aufbrennen der Fässer ist eine Überhitzung der dünnen abzu-
schmelzenden Pechschicht unvermeidlich. Dabei findet eine teilweise Zersetzung des Peches statt, und neben reichlichen Mengen entzündlicher
Dämpfe entstehen auch noch brennbare Gase.

Wenn demnach die Bildung brennbarer Gase und Dämpfe beim Faß-
pichen nicht verhindert werden kann, so sind Explosionsgefahren nur dadurch zu vermeiden, daß entweder die Bildung und Ansammlung explosiver
Mischungen verhütet oder jede Möglichkeit einer Entzündung derselben
ausgeschlossen wird.

Die Bildung bzw. Ansammlung von explosiven Mischungen kann nicht
erfolgen:

1. wenn die brennbaren Gase und Dämpfe sofort bei ihrer Entstehung entzündet und bei Gegenwart von überschüssiger Luft
   verbrannt werden;
2. wenn die Luft im Faß ihres Sauerstoffes beraubt wird, so daß
   jede Verbrennung in derselben unmöglich ist.

An der Hand der hier gegebenen Merkmale sollen nun die im folgenden beschriebenen Pichverfahren und Apparate auf die Möglichkeit
einer Explosionsgefahr geprüft werden.

III. Pichverfahren und Apparate.

A. Das Pichen der Fässer ohne Apparate.

Pichen bei herausgenommenem Faßboden.

Das früher allgemein übliche, jetzt nur noch vereinzelt angewendete
Pichverfahren bei offenem Faß wird in folgender Weise ausgeführt: Der
vordere Boden des Fasses wird abgenommen und das Faß im Freien,
schwach nach hinten geneigt auf den Bauch gelegt. Dann wird flüssiges Pech
eingegossen und dasselbe mittels einer glühenden Eisenstange entzündet.
Sobald das Pech in lebhaftes Brennen gekommen ist, hält man den Faß-
boden, welcher zu diesem Zweck mit eisernen Handhaben versehen wird,
so vor die Öffnung, daß das von demselben abfließende Pech in das Faß
läuft und nur oben ein schmaler Spalt für den Abzug des Qualmes offen
bleibt. Durch die Neigung des Bodens wird zu gleicher Zeit ein Luftzug
vermittelt; die äußere atmosphärische Luft tritt durch die untere Öffnung
in das Faß und erhält das Pech im Brennen, während die Verbrennungs-
und Destillationsprodukte des Peches, der Qualm, dasselbe durch die obere

Öffnung verlassen. Man läfst das Pech so lange brennen, bis der alte Pechüberzug völlig in Flufs gekommen ist und das Fafs auch von aufsen sich
überall warm anfühlt. Dann wird durch dichtes Anlegen des Fafsbodens
das Feuer völlig erstickt, der Boden rasch eingesetzt, die Reifen angetrieben
und schliefslich das Fafs gestürzt und gerollt, bis der Pechüberzug
erstarrt ist.

Das Pichen durch die Pforte.

Das sog. »Türchenpichen von Hand« findet ausschliefslich bei Lagerfässern Anwendung. Es wird in folgender Weise ausgeführt:

Nachdem das zu pichende Lagerfafs bei offenem Türchen und Spundloch genügend lange an der Luft gelegen hat, um zu trocknen, wird dasselbe mit dem Spundloch nach oben und mit etwas erhöhtem Vorderboden
auf den Bauch gelegt. Durch das Türchen wird sodann dünnflüssiges Pech
(ca. 12 bis 14 l auf ein Fafs von 50 hl) eingegossen und dasselbe sofort
entzündet. Es ist dann die Aufgabe des Pichers, das Brennen des Peches
zu unterhalten und dafür zu sorgen, dafs stets Feuer im Fafs bleibt. Dies
ist deshalb nicht leicht, weil der Zutritt der Luft sowohl wie der Austritt
der Verbrennungsprodukte hauptsächlich durch das Türchen stattfinden
mufs, da die Spundöffnung zu klein ist, um eine gehörige Ventilation zu
gestatten. Es entsteht dadurch ein Wallen des Feuers, indem einmal die
eintretende Luft die Oberhand bekommt und das Feuer lebhafter entfacht,
dann wieder eine gröfsere Menge Qualm ausgestofsen und die Luft zurück-
gedrängt wird, so dafs die Flamme mehr oder minder erstickt. Unter
solchen Umständen kann die Flamme sehr leicht völlig erlöschen, und es
mufs deshalb stets ein Feuer bereitgehalten werden, um dieselbe sofort
wieder zu entzünden und den Brand so lange zu unterhalten, bis das Fafs
völlig abgeschmolzen ist. Dann wird die Operation beendet, Türchen und
Spund werden geschlossen, die Flamme erlischt, und das Stürzen und Rollen
des Fasses beginnt.

B. Die Aufbrenn-Apparate.

Um den Brenuprozefs im Fafs regelmäfsiger zu gestalten als das bei
dem beschriebenen Türchenpichen von Hand möglich ist, kann man entweder dem brennenden Pech im Fafs einen Luftstrom mittels eines
Gebläses oder Ventilators zuführen und den Qualm durch das offene
Türchen entweichen lassen, oder man kann für einen geordneten und ausreichenden Abzug des Qualmes sorgen und dadurch der Luft den ungehin-
derten Zutritt zur Pechflamme ermöglichen. Diesem Zwecke dienen die
Aufbrennapparate. Zu der ersten Art derselben, bei welcher die Luft eingeblasen wird, gehören die Pichkolben, die Lunten und der sog. Feuerwagen,
zu der zweiten die mit Schornstein oder Schlot ausgerüsteten Apparate.
Beide Arten sind zurzeit noch im Gebrauch, und einzelne Konstruktionen
derselben sollen im folgenden beschrieben werden.

Pichkolben von Friedrich Jung in Schorndorf.

Wie aus der Abbildung, Fig. 1, ersichtlich ist, besteht der Pichkolben von Friedrich Jung aus einem eisernen Luftrohr a, das an dem einen Ende einen etwas weiteren eisernen Siebzylinder b trägt und am anderen Ende mit Schlauchtülle versehen ist. Der Siebzylinder enthält im Innern einen Asbestkörper c, welcher zur Aufnahme des zur Entzündung erforderlichen Peches dient. Das Luftrohr mündet kurz vor der Öffnung des Zylinders derart, daſs die eingeblasene Luft in das Innere des Zylinders eintritt und verteilt aus den Löchern des Zylindermantels ausströmen muſs.

Fig. 1.

Zum Gebrauch wird der Kolben heiſs, aber nicht glühend gemacht, mit heiſsem Pech getränkt und am Feuer entzündet. So brennend, wird er durch die Türchenöffnung in das zu pichende und mit dem Spundloch nach oben zurechtgelegte Lagerfaſs eingeschoben, in welches man unmittelbar vor dem Entzünden des Kolbens einige Löffel voll heiſses Pech eingegossen hat. Gleichzeitig wird der Luftschlauch des Gebläses angeschlossen und Luft eingeblasen, so daſs im Faſs eine lebhafte Flamme entsteht. Wenn nötig, können jetzt noch einige Löffel voll Pech nachgegossen werden.

Sobald das alte Pech am vorderen Faſsboden abläuft, ist die Entpichung genügend weit fortgeschritten. Der Luftschlauch wird dann abgenommen, der Kolben herausgezogen und das Feuer im Faſs durch dichtes Schlieſsen des Türchens erstickt. Es folgt dann das bekannte Stürzen und Rollen des Fasses, worauf dasselbe in üblicher Weise fertig gemacht wird.

Pichkolben für Lagerfässer von Chr. Hagenmüller in Erfurt.

Der Pichkolben von Chr. Hagenmüller in Erfurt, Fig. 2, besteht aus einem eisernen glockenartig geformten Brennkörper a und einem daran angeschlossenen Luftzuführungsrohre b, das gleichzeitig zur Handhabung des

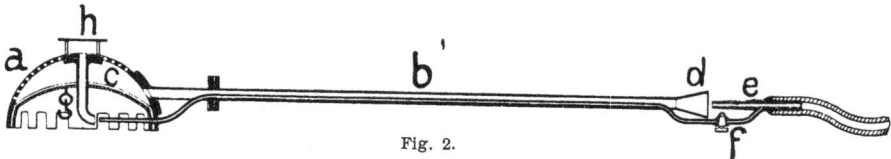

Fig. 2.

Kolbens dient. Der Brennkörper ist eine siebartig gelochte Haube, deren unterer Rand mit Ausschnitten versehen ist. In derselben befindet sich ein mit Asbest dicht überzogenes Drahtgewebe c, welches ähnlich wie die äußere Haube geformt ist. In die Siebglocke mündet das Luftrohr. Dieses besitzt an seinem Eingang einen trichterartigen Ansatz d, in welchen ein engeres Rohr e, wie die Düse eines Injektors, hineinragt. Letzteres ist mit Schlauchansatz versehen und wird durch einen Schlauch mit einem geeigneten Gebläse oder Ventilator verbunden. Von diesem Röhrchen führt eine mit Hahn f versehene Abzweigung seitlich in das Luftrohr und in diesem entlang bis unter den Brennkörper. Hier endigt sie vor einem etwas weiteren Knierohr g, das den Scheitel der Haube durchsetzt, und über welchem in geringer Entfernung eine Prellscheibe h angebracht ist. Wird Luft durch die Abzweigung in das Knierohr geblasen, so reißt sie flüssiges Pech vom Boden des Fasses mit in die Höhe und schleudert dasselbe gegen die Prellscheibe, von der es über die Haube bzw. das darunter liegende mit Asbest bezogene Drahtgewebe verteilt wird.

Die Handhabung des Apparates ist folgende:

Die Haube des Kolbens wird heiß gemacht, dann mit Pech begossen und angezündet. Gleichzeitig werden in das zu pichende Lagerfaß einige Löffel voll heißes Pech eingegossen. Unmittelbar nach dem Eingießen des Peches wird der brennende Kolben durch das Türchen eingeschoben und das Pech entzündet, worauf der Luftschlauch angeschlossen und das Gebläse in Tätigkeit gesetzt wird. Die in die trichterartige Erweiterung des Luftrohres eingeblasene Luft strömt in den brennenden Kolben und erzeugt hier eine kräftige Flamme, die durch die gelochte Haube nach allen Seiten verteilt wird. Dabei wird natürlich das auf dem Kolben befindliche Pech durch die Flamme allmählich verzehrt. Wird dieselbe kleiner, so genügt es, den im Zweigrohr befindlichen Hahn kurz zu öffnen, um wieder Pech über die Haube des Kolbens zu verteilen und die Flamme dauernd zu unterhalten.

Ist die Entpichung beendet, so wird der Kolben nach Abnahme des Schlauches aus dem Faß herausgezogen und ausgelöscht. Das Feuer im Faß wird durch Schließen des Türchens erstickt und der neue Pechüberzug in bekannter Weise durch Stürzen, Rollen usw. hergestellt.

Aufbrennapparate von C. König in Speyer.

Zum Aufbrennen von Lagerfässern liefert die Firma C. König in Speyer einen kleinen mit Luftzuführungsrohr versehenen eisernen Ofen. Fig. 3a, der die Form eines rechteckigen Kastens besitzt und unten am Boden mit zwei Rollen versehen ist. Der Ofen bildet so einen kleinen zweirädrigen Karren oder Wagen mit dem Luftzuführungsrohr als Deichsel.

Zum Gebrauch wird derselbe mit brennendem Holz beschickt und an den Luftschlauch eines Ventilators angeschlossen. In das aufzubrennende Lagerfaß werden zwei bis drei Löffel heißes Pech gegossen, das sofort entzündet werden muß. Dann wird der Wagen mit dem brennenden Holz durch das Türchen eingeschoben und so lange geblasen, bis das Faß

genügend ausgebrannt ist, worauf der Wagen herausgezogen und der Luftschlauch abgenommen wird. Das Feuer im Faſs wird dann, wie bekannt,
durch Schlieſsen des Türchens erstickt, worauf durch Eingieſsen von Pech,
Stürzen, Rollen usw. das Faſs fertiggestellt wird.

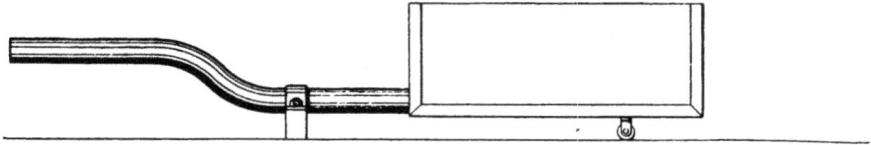

Fig. 3a.

Zum Aufbrennen von Transportfässern dienen kleine Pichkolben oder
»Lunten«, Fig. 3b, die in ähnlicher Ausführung auch von anderen Firmen
geliefert werden. Ein solcher Pichkolben ist ein hakenförmig gebogenes
eisernes Rohr von solchem Durchmesser, daſs es leicht durch das Spundloch
in das Transportfaſs eingeschoben werden kann. Am Ende ist es gelocht.
Zum Gebrauch wird das Ende in einem Öfchen erhitzt, dann in brennendes
Pech getaucht und brennend durch das Spundloch in das aufzubrennende
Faſs eingeführt, während gleichzeitig Luft mittels eines Ventilators durch

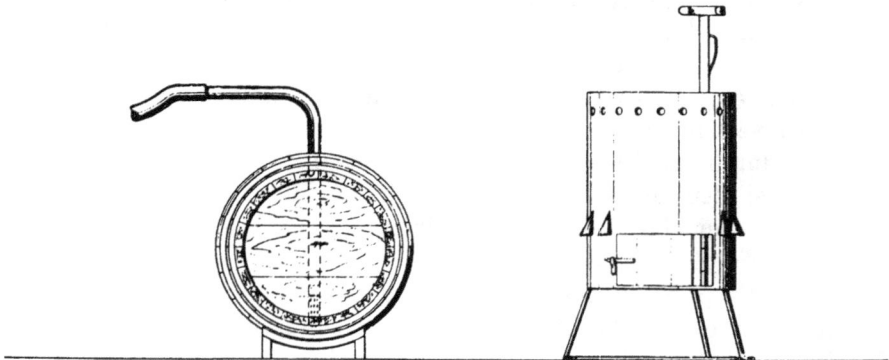

Fig. 3b.

das Rohr eingeblasen wird. Ist nach etwa einer halben bis zwei Minuten
das Aufbrennen vollendet, was an der Farbe des Rauches und am Knistern
im Faſs erkannt werden kann, so wird der Kolben herausgezogen, worauf
das Feuer im Faſs erlischt. Es wird dann Pech in der nötigen Menge
eingegossen und das Faſs wie üblich gestürzt und gerollt.

Lagerfaſs-Pichapparat von Friedrich Jung in Schorndorf.
(Verbesserter Groſsmannscher Apparat.)

Der Apparat, Fig. 4, besteht im wesentlichen aus drei Teilen: dem
Rauchrohr *A*, dem Luftzuführungsrohr *B* und dem Zünder *C*.

Das Rauchrohr, ein eiserner etwas über 1 m langer Schornstein, ist
mit seinem unteren Ende in einer eisernen Grundplatte befestigt, welche

auf die Türöffnung des zu pichendes Fasses gelegt wird und diese verschliefst. Es ist mit Handgriffen versehen und besitzt oben eine bewegliche Klappe k, die mittels einer am Rohr entlang geführten Zugstange geöffnet oder geschlossen werden kann. Neben dem Rauchrohr befindet sich in der Grundplatte ein beweglicher Stutzen, durch welchen das Luftrohr in das Fafs eingesteckt wird. Dieses Luftrohr mufs stets bis zum Boden des Fasses hinabreichen, also verlängert oder verkürzt werden können, je nach der

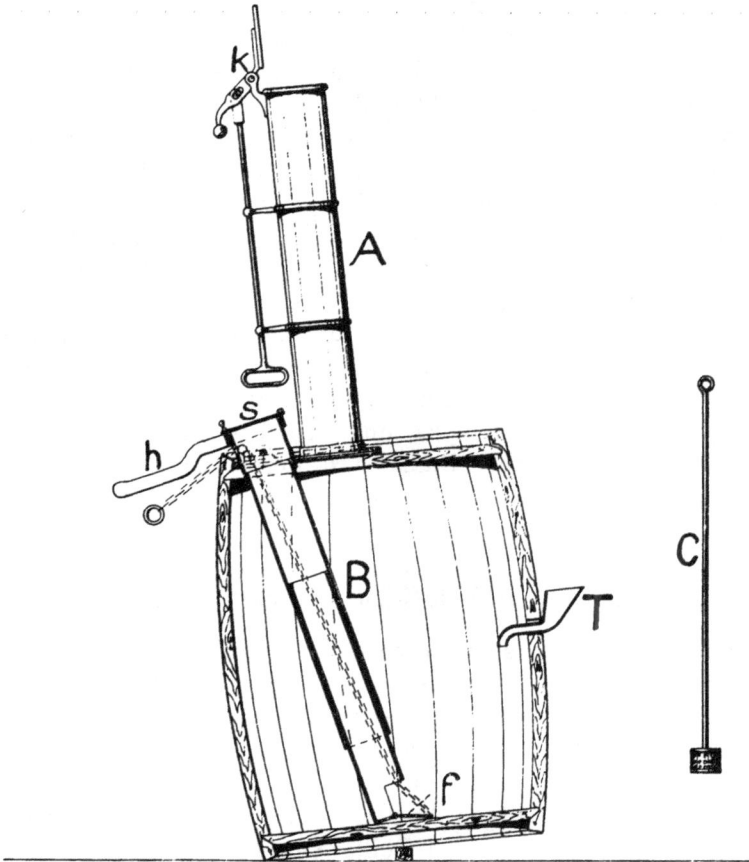

Fig. 4.

Höhe des Fasses. Es ist deshalb aus zwei ineinander verschiebbaren Röhren zusammengesetzt. Am oberen Ende besitzt es einen hebelartigen Handgriff h und ferner einen drehbaren Schieber s, mit welchem seine Öffnung verschlossen werden kann. Am unteren Ende ist ein Bodenschutzblech oder Schuh f angebracht, über welchem das Rohr mündet.

Der Zünder besteht aus einer Eisenstange, an deren Ende eine Kapsel zur Aufnahme von etwas Pech angebracht ist.

Das Verfahren beim Pichen ist nun folgendes:

Das zu pichende Faſs wird auf den hinteren Boden gestellt, so daſs die Türchenöffnung sich oben befindet. Unter dasselbe wird eine etwa 3 cm starke Holz- oder Eisenstange so untergelegt, daſs es sich leicht auf derselben kippen läſst. Ist das Faſs zunächst mit Neigung nach der Türchenseite in die richtige Stellung gebracht, so wird das Rauchrohr mit seiner Grundplatte auf die Türchenöffnung gesetzt und das Luftrohr eingeschoben. Dann gieſst man durch einen in das Spundloch gesteckten und mit gebogenem Hals versehenen Trichter T die zum Pichen erforderlichen Menge von heiſsem Pech ein und entzündet dasselbe sofort, indem man den mit brennendem Pech getränkten Zünder durch das Luftrohr einführt; das eingegossene Pech gerät ins Brennen, die Verbrennungsgase und der Qualm entweichen durch das Rauchrohr, und frische Luft strömt durch das Luftrohr zur Flamme, die dadurch lebhaft angefacht wird. Um das Feuer gleichmäſsig zu verteilen, wird nun das Faſs einigemale hin und her geneigt, wobei das Luftrohr schräg gegen die Mitte des unteren Faſsbodens gerichtet wird. Ist das alte Pech abgeschmolzen, was an der helleren Färbung des Rauches und am Knistern im Faſs zu erkennen ist, so wird die Klappe des Rauchrohres und der Schieber am Luftrohr geschlossen und das Faſs wieder einigemal hin und her geschwenkt. Das Feuer erstickt, und nach etwa zwei Minuten können Klappe und Schieber wieder geöffnet werden, bis der Qualm abgezogen ist. Dann wird der Apparat abgenommen, das Türchen eingesetzt und das Faſs in bekannter Weise gestürzt und gerollt.

C. Die Heiſsluft-Entpichmaschinen.

Während bei den bisher beschriebenen Pichmethoden die zum Abschmelzen des alten Peches erforderliche Hitze durch Verbrennung von Pech im Faſs selbst erzeugt wird, geschieht bei den Heiſsluftapparaten die Wärmeerzeugung in einem besonderen Ofen durch Verbrennen von Koks. Die dabei entstehenden heiſsen Gase werden durch geeignete Röhren in die Fässer eingeführt und besorgen hier das Abschmelzen des Peches. Nach diesem Prinzip werden von einer Reihe von Maschinenfabriken Heiſsluftapparate gebaut, die sich im wesentlichen nur durch die Anordnung und Form ihrer Teile voneinander unterscheiden. Alle diese baulichen Einzelheiten eingehend zu beschreiben, liegt nicht im Rahmen dieser Arbeit. Soweit dieselben für die Darstellung der Wirkungsweise und zum Verständnis des in Rede stehenden Pichverfahrens von Belang sind, werden sie im folgenden besprochen werden.

Die Reihenfolge der einzelnen Apparate ist eine rein zufällige. Die Maschine von Arnemann wurde vorangestellt, da diese zur Ausführung verschiedener Versuche gedient hat.

Heifsluft-Entpichmaschine von Wm. Arnemann in Hamburg.

Der Arnemannsche Entpichapparat, Fig. 5, besteht aus einem unten zylindrischen, oben eingeschnürten und mit helmartigem Aufsatz versehenen eisernen Schachtofen A, der mit feuerfestem Material ausgekleidet ist und unten in geringer Höhe über dem Boden den Rost B enthält. Unter diesem befindet sich ein mit dicht schliefsender Putztür versehener Raum für den Aschenfall. An der Verengerung oben ist zum Einfüllen des Brennmateriales (Koks) eine Füllöffnung C angebracht, die während des Betriebes

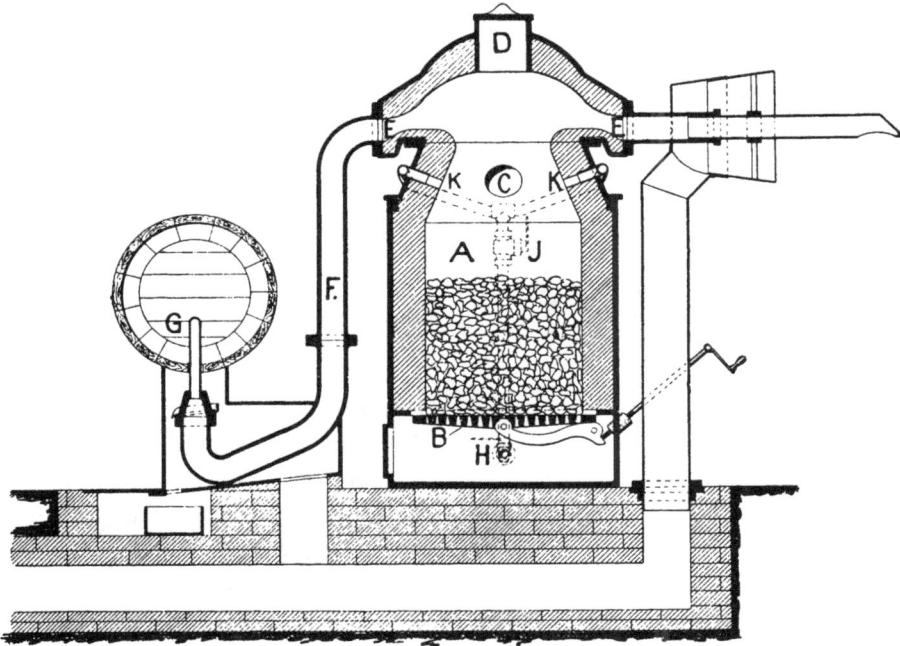

Fig. 5.

mit einem dicht schliefsenden Deckel verschlossen gehalten wird. Die Öffnung D im Scheitel des Helmes dient zum Abzug der Verbrennungsgase beim Anheizen des Ofens und während der Betriebspausen; auch sie ist während des Betriebes mit einem Deckel dicht verschlossen. In den Raum für den Aschenfall mündet eine Luftleitung, durch welche dem Brennstoff die zur Verbrennung erforderliche Luft von einem Gebläse unter mäfsigem Druck zugeführt wird. Der Luftstrom kann durch den Hahn H reguliert, eventuell auch ganz abgesperrt werden. Eine Zweigleitung J, die ebenfalls mit Regulierhahn versehen ist, führt Luft durch mehrere Offnungen K in den Raum über dem Brennstoff, so dafs etwa entstehende verbrennliche Gase hier zur Verbrennung kommen müssen, bevor sie den Ofen verlassen. Zur Abführung der heifsen Feuergase (Heifsluft) in die zu entpichenden

Fässer dienen die am Helm angebrachten Kanäle *EE*, deren Zahl je nach der Gröfse der Maschinen verschieden sein kann. An diese sind mittels Flanschen die Heifsluftröhren *F* angeschlossen, welche zu den Düsen *G* führen. Letztere können abgenommen und durch Verschlüsse ersetzt werden, wenn keine Transportfässer gepicht werden sollen. Einer der Kanäle *E* dient zum Anschlufs des Lagerfafsrohres, das zum Einführen der heifsen Luft in Lagerfässer bestimmt ist. Dieses Rohr wird abgenommen, wenn keine Lagerfässer entpicht werden sollen. Der entsprechende Kanal *E* wird dann mittels Blindflansche verschlossen. Am Ende der Heifsluftröhren *F* sind die Fafslager für die Transportfässer angebracht. Dieselben sind mit Pechabflufs für das ausgeschmolzene Altpech versehen und bei den grofsen Maschinen an einen Qualmkanal angeschlossen, der nach dem Schornstein führt. Ebenso wird auch bei den grofsen Maschinen auf das Lagerfafsrohr ein Qualmabzug aufgeschoben, welcher mit dem Qualmkanal durch ein weites Rohr verbunden wird. Um schliefslich die Reinigung des Ofens bequem vornehmen zu können, ist der Rost *B* beweglich gemacht. Er ruht auf einem Hebel, der durch eine Schraube gehalten wird. Durch Zurückdrehen dieser Schraube wird der Rost niedergelegt, so dafs er selbst wie auch das Innere des Ofenschachtes von der Aschentür aus zugänglich ist.

Zur Inbetriebsetzung des Apparates wird der Schachtofen zunächst bei offener Aschentür und geöffnetem Helmdeckel angeheizt und dann mit Koks in etwa faustgrofsen Stücken gefüllt. Ist die Koksschicht bis oben in voller Glut, so wird Luft eingeblasen und Aschentür und Helmdeckel geschlossen. Die glühenden Feuergase (Heifsluft) strömen dann durch die siebartig gelochten Düsen aus und erhitzen diese selbst zum schwachen Glühen. Zum Entpichen der Fässer werden diese so auf die Fafslager gelegt, dafs die Düse durch das Spundloch in das Fafs hineinragt. Die heifse Luft schmilzt dann das alte Pech von den Wandungen ab, das neben der Düse durch das Spundloch ausläuft. Ist ein Fafs fertig entpicht, so wird es von der Düse abgehoben und sofort durch Eingiefsen von gut abgekochtem Pech, Schwenken, Auslaufenlassen und Rollen oder auf dem später zu beschreibenden Pecheinspritzapparat von neuem gepicht.

Lagerfässer werden in ähnlicher Weise entpicht, nachdem man das Lagerfafsrohr durch das Türchen in das Fafs eingeführt und den Qualmabzug an die Türchenöffnung angeschoben hat. Dabei müssen die Transportfafsdüsen abgenommen und die betreffenden Öffnungen verschlossen sein. Ist das alte Pech ausgeschmolzen, so wird in bekannter Weise durch Eingiefsen von neuem Pech, Stürzen und Rollen die neue Pichung vorgenommen.

Nach Beendigung der Arbeit wird der Helmdeckel und die Aschentür geöffnet und nach Niederlegung des Rostes das Brennmaterial aus dem Ofen herausgezogen.

Heifsluft-Entpichmaschine von S. Lion-Levy, Hamburg.

Die von der Firma S. Lion-Levy in Hamburg in den Handel gebrachte Heifsluft-Entpichmaschine der Aerzener Maschinenfabrik in Aerzen (Hannover), »Typ Aerzen« ist, wie aus der Zeichnung, Fig. 6, ersichtlich, dem vorher beschriebenen Apparat der Firma Wm. Arnemann ähnlich. Sie besteht wie dieser aus einem eisernen Schachtofen AA, der mit feuerfestem Material ausgefüttert und mit Rost und Aschenfall versehen ist. Der Kopf des Ofens ist eine erweiterte Haube B, von der die Heifsluftröhren CC zu den Pichdüsen führen. Die Gebläseluft wird unter den Rost in den mit Putztür versehenen geschlossenen Aschenfall eingeführt. An das Druckluftrohr D ist eine Zweigleitung d angeschlossen, welche Luft in die erweiterte

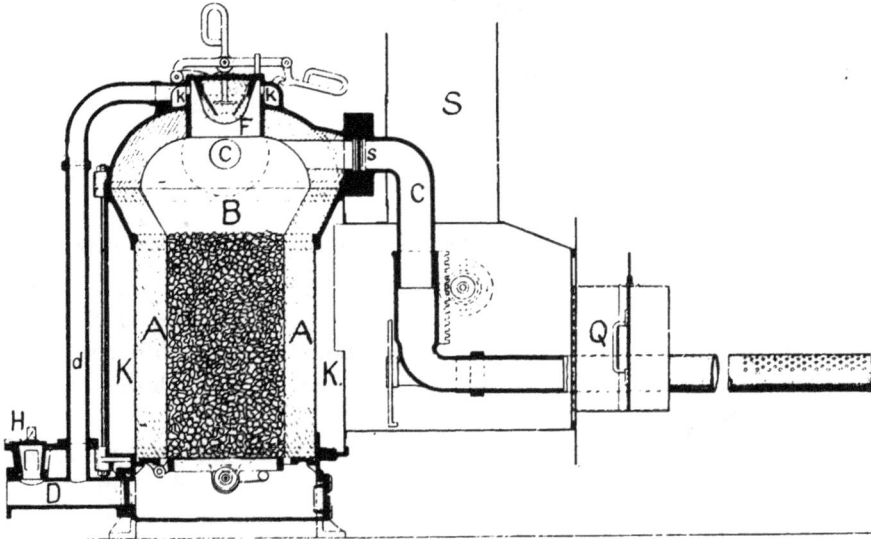

Fig. 6.

Haube des Ofens führt, so dafs alle über dem Brennstoff etwa vorhandenen brennbaren Gase verbrennen, bevor sie zu den Düsen strömen. Die Zuführung der Oberluft geschieht durch Kanäle kk, welche rings um die oben in der Haube angebrachte Füllöffnung F des Ofens angeordnet sind. Dadurch soll einerseits der Verschlufs der Füllöffnung gekühlt, anderseits die Oberluft vorgewärmt werden. In die beiden Druckluftleitungen sind Schieber eingebaut, so dafs sowohl der Unterwind als auch die Oberluft zweckentsprechend reguliert werden können. Ein Hahn H in der Hauptluftleitung erlaubt die gänzliche Absperrung der Luft.

Die Heifsluftleitungen sind ebenfalls mit Schiebern s versehen, so dafs dieselben nach Belieben in Benutzung genommen oder ausgeschaltet werden können. An den Düsen für die Transportfässer sind Fafslager und Sammelkasten für das auslaufende Pech angebracht. Letztere stehen mit dem

Qualmabzugskanal KK in Verbindung, der zunächst den Ofen mantelartig umgibt und dann in einen Schornstein S führt.

An eine der Haubenöffnungen ist das Lagerfafsrohr, ebenfalls mit Zwischenschaltung eines Absperrschiebers, angeschlossen. Dieses Lagerfafsrohr ist samt der dasselbe umgebenden Qualmabzugsvorrichtung Q hoch und tief verstellbar, so dafs es für Fässer verschiedener Form und Größe passend eingestellt werden kann.

In der Nähe der Transportfafsdüsen sind an dem mantelförmigen Abzugskanal Spiralschläuche angeschlossen, die je in einem mit Handgriff versehenen hohlen Zapfen endigen. Diese Zapfen werden beim Entpichen der Fässer in deren Zapfloch gesteckt, so dafs ein Teil der eingeblasenen heifsen Luft und der entstehenden Pechdämpfe auch durch das Zapfloch entweichen kann.

Der Betrieb und die Bedienung der beschriebenen Entpichmaschine ist völlig analog denen des Arnemannschen Heifsluft-Entpichapparates, so dafs hier nur auf die oben gegebene Beschreibung dieses Apparates verwiesen zu werden braucht.

Heifsluft-Entpichmaschine von Franz Köpping, Chemnitz.

Die Heifsluft-Entpichmaschine von Franz Köpping in Chemnitz, Fig. 7, ist, wie aus der Zeichnung ersichtlich, im Prinzip den Entpichapparaten von Wm. Arnemann und der Aerzener Maschinenfabrik (S. Lion-Levy) sehr ähnlich, sie weicht indessen von diesen in den baulichen Einzelheiten wesentlich ab.

Wie die genannten Entpichapparate besteht sie aus einem eisernen, mit feuerfestem Material ausgekleideten Schachtofen A, der durch einen Rost in den Feuerraum und den Aschenfall geteilt ist. Der gewölbte, ebenfalls ausgefütterte Deckel besitzt eine dicht verschliefsbare Einfüllöffnung B und der Aschenfall eine Putztür. In den Raum für den Aschenfall mündet die Druckluftleitung D, von der kurz vorher die Oberluftleitung abzweigt. Diese ist mit Regulierhahn versehen und mündet am Deckel des Ofens in dessen Kopfende. Kurz unterhalb des Deckels zweigen vom Mantel des Ofens die Heifsluftröhren CC ab, welche zu den Düsen führen. Um diese Heifsluftröhren einzeln absperren zu können, sind an den Abzweigstellen Schieber ss eingebaut. Die Transportfafsdüsen stehen aufrecht in Fafslagerböcken L, welche an den Seiten mit verstellbaren Fafshaltern versehen sind und sich nach unten konisch erweitern. Diese Böcke sind unten offen und mit ihrem Fufs in die Deckplatten des unterirdisch geführten Qualmkanals QQ eingesetzt, so dafs der aus dem Fafs entweichende Qualm abgesaugt wird. Das gleichzeitig auslaufende Pech wird in untergestellten Pechkästen K aufgefangen, die von Zeit zu Zeit herausgenommen und entleert werden müssen.

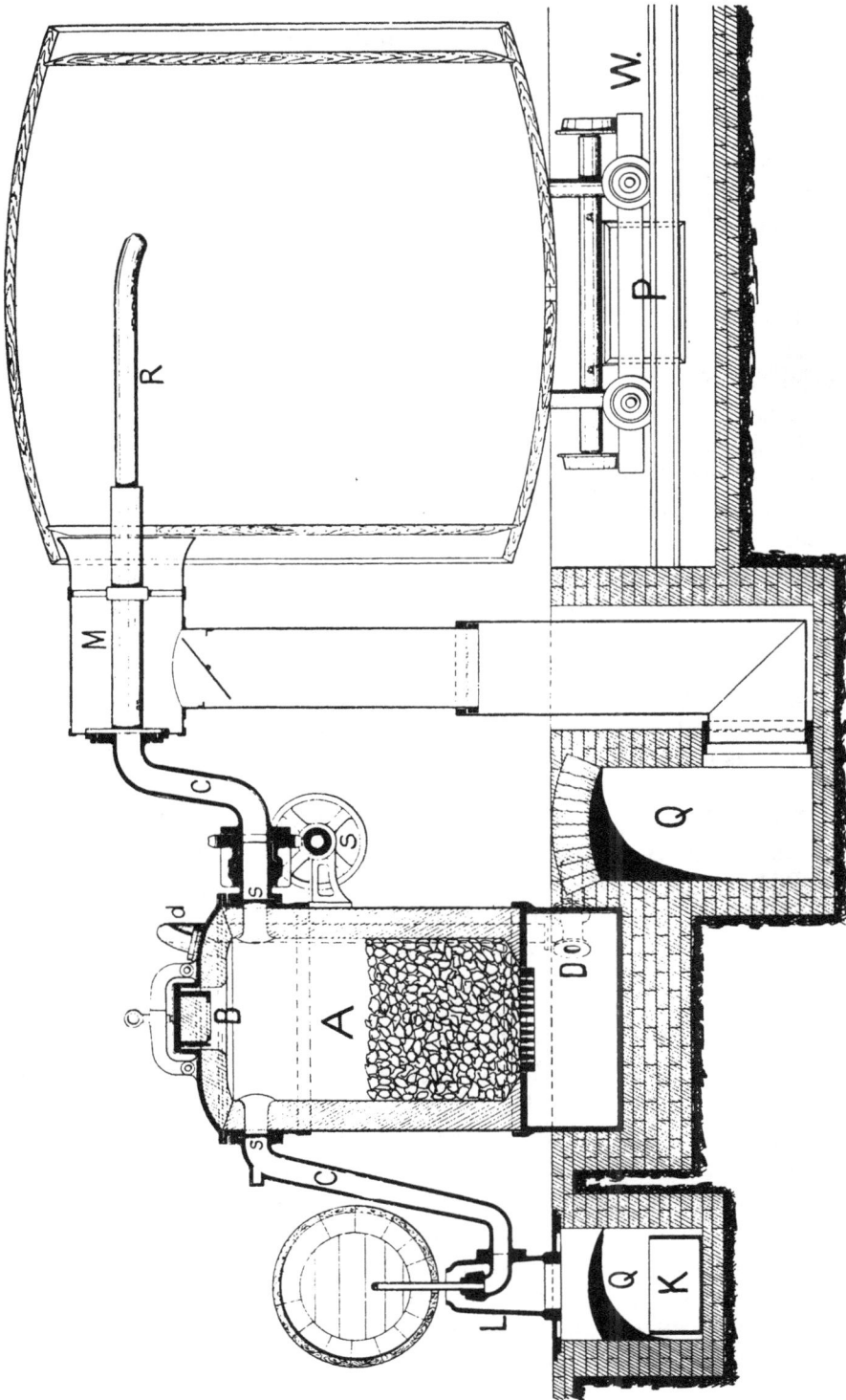

Fig. 7.

An einem der Abzweigstutzen ist mittels drehbarer Muffe das zweimal gekröpfte Lagerfaſsrohr angeschlossen, das an seinem Ende die drehbar und verschiebbar eingesetzte Düse R trägt. Dieses Lagerfaſsrohr kann mittelst des am Ofenmantel gelagerten Schneckengetriebes S kurbelartig gedreht werden, so daſs die Düse in verschiedener Höhe für Lagerfässer verschiedener Gröſse passend eingestellt werden kann. Diese Einrichtung ermöglicht, die Fässer stets in der gleichen Lage, nämlich Türchen oben, Spundloch unten, zu entpichen, so daſs das abgeschmolzene Pech schon während des Einblasens der Heiſsluft ablaufen kann, wodurch eine gleichmäſsige Entpichung auch der unteren Teile des Fasses erzielt wird.

Auf dem beweglichen Arm des Lagerfaſsrohres ist drehbar der Qualmabsaugekopf M aufgesetzt, dessen Abzugsstutzen verschiebbar in das bewegliche Qualmrohr eingesetzt ist. Der Qualmabzug macht daher bei der Verstellung der Düse die Bewegung derselben mit, so daſs die Düse stets zentral aus dem Absaugekopf hervorragt.

Zum Einführen der Düse in die Türchenöffnung des Fasses ist vor der Lagerfaſsdüse eine Schiebebühne W angebracht, welche erlaubt, das aufgelegte Faſs sowohl in der Richtung der Düse als auch quer zu derselben zu verschieben. Ein in der Mitte des Faſslagers angebrachter Pechkasten P dient zur Aufnahme des auslaufenden Peches.

Die Bedienung und die Arbeitsweise der Köppingschen Entpichmaschine ist, abgesehen von der Einstellung der Lagerfaſsdüse, ganz analog derjenigen des Arnemannschen Entpichapparates, so daſs hier nur auf die dort gegebenen Ausführungen verwiesen zu werden braucht.

Heiſsluft-Entpichmaschine von Stieberitz und Müller in Apolda.

Den vorher beschriebenen Entpichmaschinen im Prinzip durchaus ähnlich ist der Pichapparat von Stieberitz und Müller, Fig. 8; er besteht aus einem mit Chamottesteinen ausgefütterten eisernen ·Schachtofen A, der durch einen Klapprost in den Feuerraum und den Aschenfall geteilt ist. Im Scheitel oben befindet sich die mit guſseisernem Deckel dicht verschlieſsbare Einfüllöffnung B. In den mit dichtschlieſsender Putztür T versehenen Aschenfall mündet die Windleitung W, von welcher zwei am Ofensockel entlang und dann nach oben geführte Zweigleitungen Gebläseluft durch vier Mündungen in den oberen Teil des Ofens einführen. In jede der beiden Oberluftröhren wie auch in die Unterwindleitung ist eine besondere Drosselklappe D eingebaut, so daſs die drei Luftströme unabhängig voneinander reguliert werden können. Über den Mündungen der Oberluftleitungen zweigen vom Ofenmantel vier Heiſsluftröhren H ab, die an ihrem Ende die aufrechtstehenden, unten mit Pechablaufteller versehenen Transportfaſsdüsen tragen. Ein fünfter Anschluſsstutzen ist für das abnehmbare Lagerfaſsrohr L bestimmt. Letzteres ist ein gerades weites Rohr, das vorne einen schmiedeeisernen, mit Schlitzen versehenen Kopf besitzt.

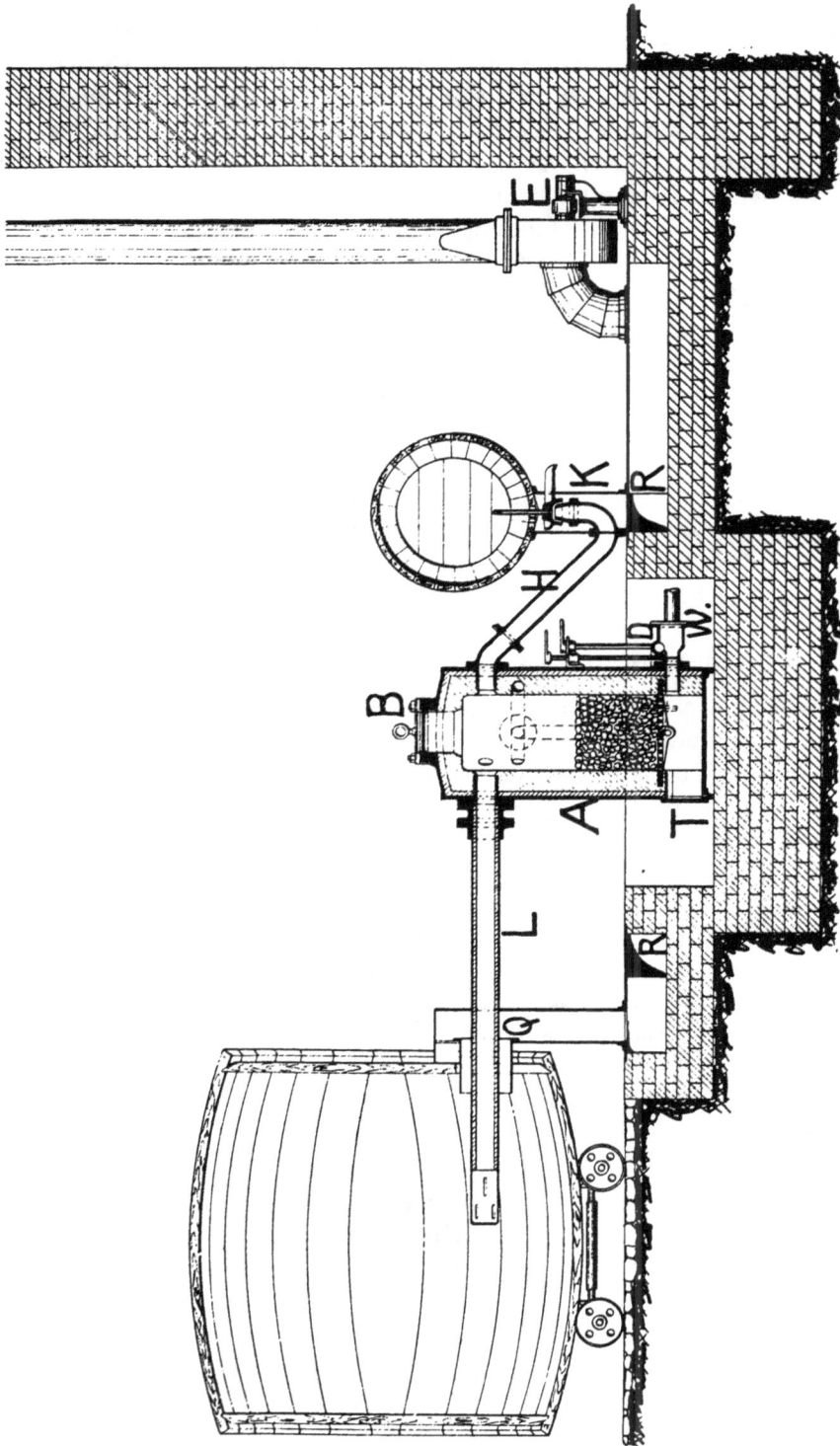

Fig. 8.

Zur Abführung des Qualmes und zugleich als Faſsauflager dienen die am Ende der Heiſsluftröhren angebrachten schmiedeeisernen Kasten K, die mit ihrer unteren Öffnung in einen um die Maschine herumgeführten Abzugskanal R münden. Auch am Lagerfaſsrohr ist ein Qualmabsauge- kopf Q angebracht, dessen Abzugsstutzen auf eine Öffnung im Abzugskanal aufgesetzt wird. Letzterer steht mit einem besonderen Schornstein oder einem Exhaustor E in Verbindung und ist mit guſseisernen Riffelplatten abgedeckt, also zum Zweck der Reinigung leicht zugänglich.

Zum Entpichen von Lagerfäsern werden die Transportfaſsdüsen abge- nommen, die Öffnungen der Heiſsluftröhren mit Kapseln verschlossen und die Absaugekasten (Faſslagerböcke) mit Blechdeckeln zugedeckt. Zum Anfahren der Fässer bis zum Qualmabsaugekopf, dessen Hals beim Ent- pichen in das Faſs hineinragen soll, dient ein kleiner Faſsrollwagen.

Zum Entpichen von Transportfässern wird das Lagerfaſsrohr samt Qualmkopf abgenommen, der Stutzen am Ofen durch Blindflansche und die Öffnung im Qualmkanal mit Deckel verschlossen.

Im übrigen sind Betrieb und die Arbeitsweise ganz dieselben wie bei den vorher beschriebenen Heiſsluftapparaten.

Heiſsluft-Entpichmaschine von N. Schäffer, Breslau.

Die Firma N. Schäffer, Breslau, baut Heiſsluftmaschinen verschiedener Gröſse, teils als stationäre teils als fahrbare Apparate, erstere mit Vorrichtung zur Abführung des Qualmes. Eine derartige Anlage zeigt die Figur 9.

Der Hauptteil des Apparates ist, wie bei den früher beschriebenen Maschinen dieser Art, ein mit feuerfestem Material ausgefütterter eiserner Schachtofen A mit Rost und Aschenfall. Der haubenartige, ebenfalls aus- gefütterte Kopf desselben besitzt im Scheitel eine luftdicht verschlieſsbare Einfüllöffnung B und trägt seitlich eine Anzahl Flanschenstutzen, an welche die Heiſsluftröhren H angeschlossen sind. In den Aschenraum ist das Windrohr W eines Gebläses eingeführt, das dem Brennstoff Druckluft zuführt. Oben in die Haube mündet ein zweites Windrohr w, welches zur Zuführung von Oberluft in den Kopf des Ofens dient. Beide Luftleitungen sind mit einem Luftverteiler L, »System Böhm-Rumpf«, verbunden, der wie ein Mehrweghahn eingerichtet ist und erlaubt, die vom Gebläse kommende Druckluft in beliebiger Weise auf die beiden Windleitungen zu verteilen, oder aber sie ins Freie entweichen zu lassen. Mit diesem Apparat wird Unterwind und Oberluft gleichzeitig reguliert, wobei die Verteilung der Druckluft an einem Zeiger z oben auf dem Deckel des Apparates zu erkennen ist.

An den Enden der abwärts geführten Heiſsluftröhren sind die aufrecht- stehenden Düsen und um deren Fuſs die »Blas- und Saugeköpfe K (System Böhm und Rumpf)« angebracht, die gleichzeitig als Faſsauflager dienen.

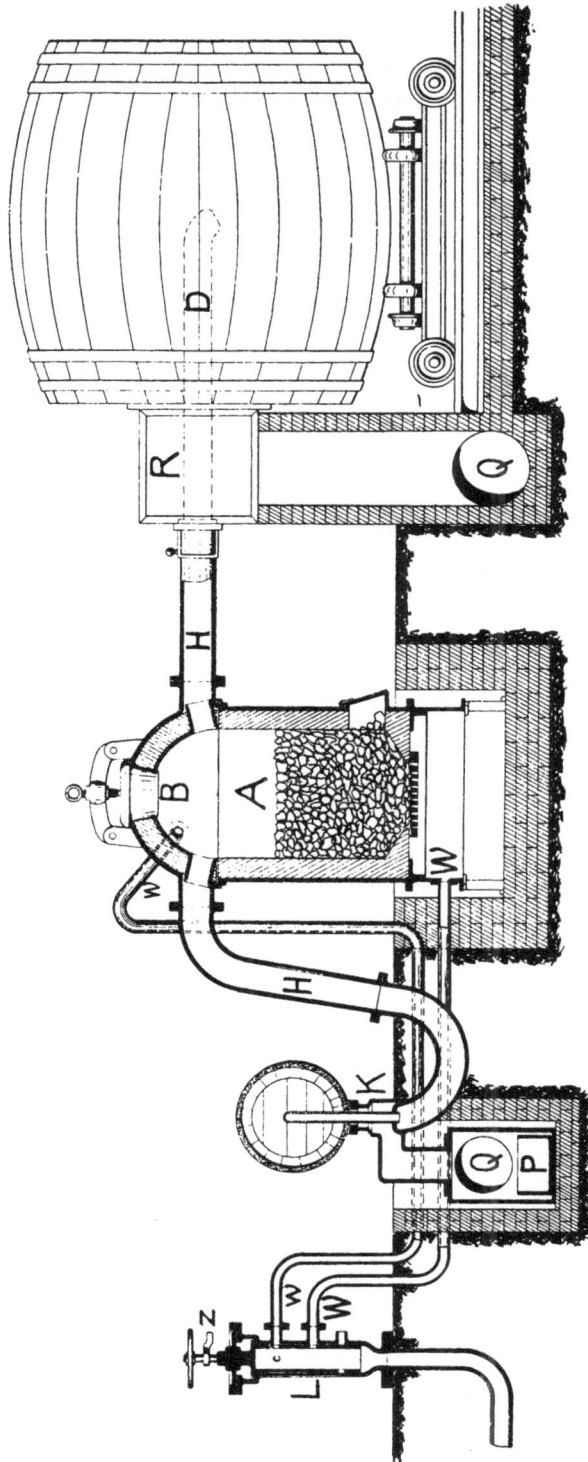

Fig. 9.

Dieselben bestehen aus einem runden büchsenartigen Gehäuse mit gelochtem Hals und seitlichem Knierohr. Letzteres mündet in den Qualmkanal Q über einem Pechkasten P, der das ablaufende Pech aufnimmt und von Zeit zu Zeit entleert werden muſs.

Auſser den Heiſsluftröhren für die Transportfaſsdüsen befindet sich am Kopf des Ofens noch ein wagerechter Rohrstutzen, an welchen die Lagerfaſsdüse D angeschlossen wird. Auch deren Fuſs ist von einem Qualmabsaugekopf R umgeben, der mit dem Qualmkanal verbunden ist. Letzterer ist an einen besonderen Schornstein oder einen Exhaustor angeschlossen.

Die Picharbeit mit dieser Maschine gestaltet sich ganz wie bei den vorher beschriebenen Apparaten. Zum bequemen Anfahren der Lagerfässer dient eine Schiebebühne, mit deren Hilfe das zu entpichende Faſs in beliebiger Richtung verschoben und leicht über die Düse gebracht werden kann.

Bezüglich der Bedienung des Apparates ist auf die früher gegebenen Ausführungen zu verweisen.

Heiſsluft-Entpichmaschine von C. König in Speyer.

Etwas einfacher als die bisher beschriebenen Heiſsluft-Entpichapparate ist die auf gleichem Prinzip beruhende Entpichmaschine von C. König in Speyer, Fig. 10. Dieselbe wird in verschiedener Ausführung fahrbar oder stationär gebaut; doch sind die Hauptteile bei den verschiedenen Ausführungen im wesentlichen die gleichen.

Die Maschine besteht wiederum aus einem mit feuerfestem Material ausgefütterten eisernen Schachtofen A mit Rost und gewölbtem, ebenfalls ausgefüttertem Deckel. Letzterer hat in der Mitte eine dicht verschlieſsbare Füllöffnung B, während unten am Mantel eine mit dicht schlieſsender Tür C versehene Putzöffnung angebracht ist. Unter dem Rost in dem Raum für den Aschenfall mündet das Windrohr W eines Gebläses R, das mittels Kurbelrad und Riemenübertragung angetrieben wird. Dicht unterhalb des Deckels sind am Flanschenstutzen die Heiſsluftröhren H angeschlossen, die zu den Düsen führen. Letztere werden zum Gebrauch in die Mündung der Heiſsluftröhren eingesteckt. Bei Nichtgebrauch des einen oder anderen Rohres wird dessen Mündung mittels Kappe verschlossen Zum Auflegen der Transportfässer dienen verstellbare Faſshalter FF, die mittels Preſsschrauben in einem am Heiſsluftrohr angebrachten Querträger gehalten werden. Unmittelbar unter den Düsen sind schräge, mit Ablaufschnauze versehene Pechteller zur Aufnahme und Abführung des ausgeschmolzenen Peches angebracht.

An einem der Ausgänge für die heiſse Luft befindet sich ein knieförmiger, nach oben gerichteter Anschluſsstutzen K für das Lagerfaſsrohr L,

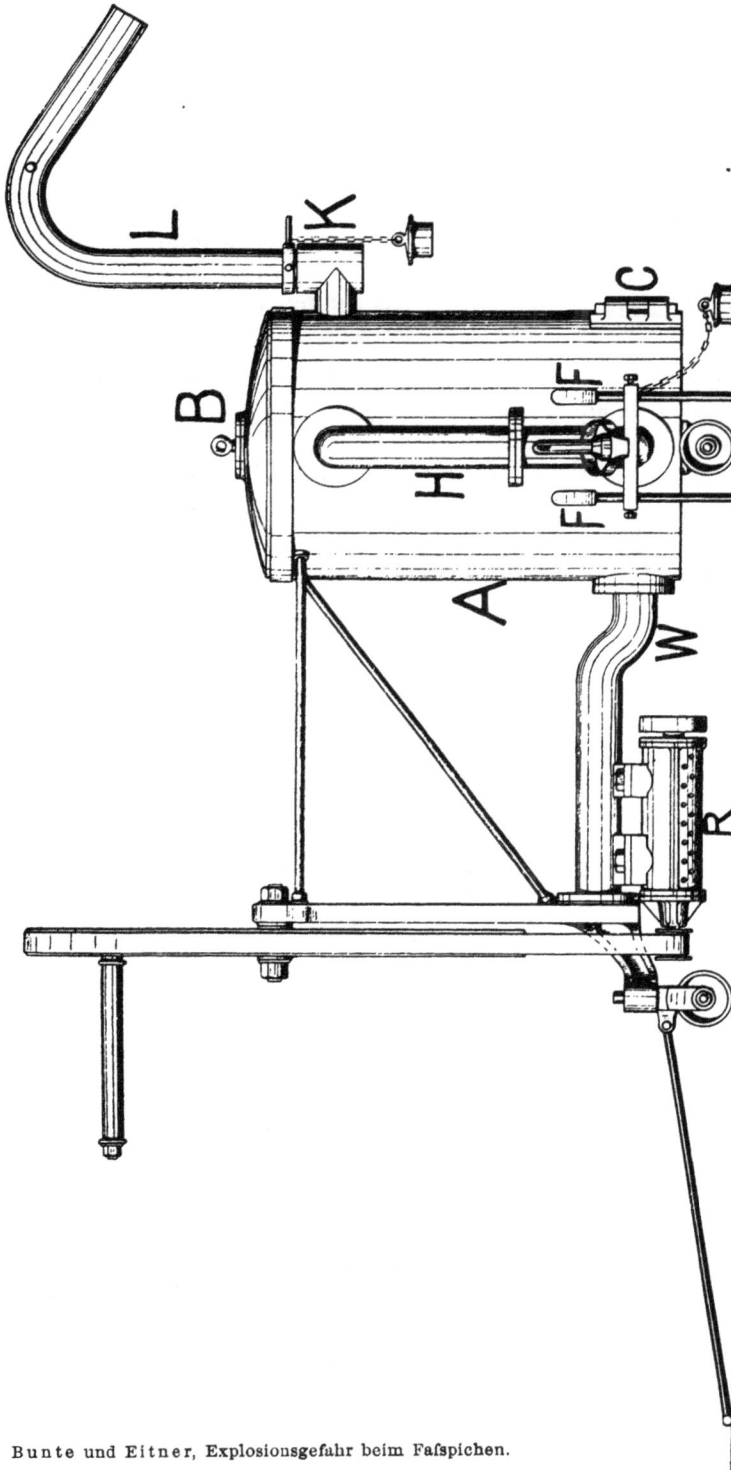

Fig. 10.

das mit Handgriffen versehen und hackenförmig gebogen ist. Zum Entpichen von Lagerfässern wird dasselbe auf den Anschlußstutzen gesteckt
und mit seiner schräg abwärts gerichteten Mündung in das zu entpichende
Lagerfaß durch dessen Türchen eingeführt.

Zum Pichen von Transportfässern wird das Lagerfaßrohr abgenommen
und der Anschlußstutzen mittels Kapsel verschlossen.

Bei dieser Maschine wird, wie ersichtlich, keine Oberluft in den Ofen
eingeführt. Die Regulierung des Unterwindes erfolgt nicht durch einen
Hahn oder dgl., sondern einfach durch stärkeren oder schwächeren Betrieb
des Gebläses. Eine Vorrichtung zur Abführung des Qualmes ist nicht
vorhanden.

Im übrigen ist der Betrieb und die Bedienung der Maschine denen
der früher beschriebenen völlig analog.

Heißluft-Entpichmaschine von Friedrich Jung, Schorndorf.

Der Apparat besteht, wie aus der Zeichnung, Fig. 11, ersichtlich ist,
aus einem fahrbaren, zylindrischen, völlig geschlossenen Schachtofen A, der
innen mit feuerfestem Material ausgefüttert und mit Rost versehen ist.

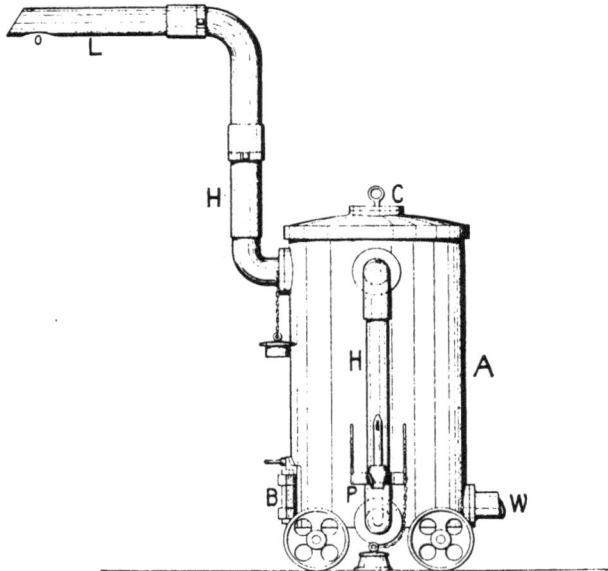

Fig. 11.

Er besitzt unten eine gutschließende Putztür B und oben im Deckel eine
mit Platte luftdicht verschließbare Einfüllöffnung C. Am Mantel befindet
sich unten ein Anschlußstutzen W für die Windleitung, die unter dem
Rost in dem Raum für den Aschefall mündet. Zur Zuführung der Luft
dient zweckmäßig ein geeigneter Schlauch, der an das Druckrohr eines

Gebläses angeschlossen wird. Oben befinden sich am Mantel drei Anschlufs-stutzen für die Heifsluftröhren *H*. Letztere sind S-förmig gestaltet. Zwei derselben sind abwärts geführt und tragen an ihrem Ende jeweils die auf-rechtstehende Transportfafsdüse, die an ihrem Fufs von einem mit Fafs-haltern und Ablauf versehenen Pechteller *P* umgeben ist. Das dritte Heifsluftrohr ist aufwärts geführt und trägt am Ende die horizontale Lager-fafsdüse *L*, die vorn geschlossen ist, aber eine seitliche, nach unten gerichtete weite Öffnung *o* besitzt. Sowohl die Düse als auch das aufrechtstehende Heifsluftrohr ist abnehmbar und zu diesem Zwecke mit Handgriffen ver-sehen.

Der Betrieb der Maschine ist ganz ähnlich dem der vorher beschriebenen. Nachdem der Ofen angeheizt und mit Koks gefüllt ist, wird der Wind-schlauch angeschlossen und mäfsig geblasen, bis die Füllung ganz in Glut gekommen ist. Dann wird der Deckel auf die Füllöffnung aufgesetzt, worauf der Apparat betriebsfertig ist.

Zum Pichen von Transportfässern wird das Lagerfafsrohr abgenommen und die Öffnung im aufwärts gerichteten Kniestutzen mit Kappe verschlossen. Zum Pichen von Lagerfässern werden die Transportfafsdüsen abgenommen und durch Verschlufskappen ersetzt.

Im übrigen ist die Bedienung des Apparates und die Behandlung der Fässer die gleiche wie bei der vorher beschriebenen Heifsluft-Entpich-maschine von König in Speyer.

D. Die Heifsdampf-Entpichmaschinen.

Im Prinzip den Heifsluft-Entpichmaschinen sehr ähnlich sind die Heifsdampf-Entpichapparate. Auch bei diesen werden die heifsen Gase eines Koksofens durch Düsenrohre in die Fässer getrieben, um das alte Pech abzuschmelzen. Aber nicht Druckluft eines Gebläses erzeugt hier den Strom der heifsen Gase, sondern die mechanische Wirkung von Dampf-strahlen, welche in die Düsenrohre einblasen und die Verbrennungsgase aus dem Koksofen mit sich fortreifsen. Das dabei entstehende Gemisch von überhitztem Dampf und heifsen Ofengasen bewirkt die Entpichung. Die Einzelheiten werden aus den folgenden Beschreibungen hervorgehen.

Heifsdampf-Entpichmaschine von F. Ringhoffer in Smichow bei Prag.
(System Galland.)

Wie aus der Zeichnung, Fig. 12, ersichtlich ist, besteht der Apparat aus einem eisernen, mit feuerfestem Material ausgekleideten und auf Füfsen ruhenden Koksofen *A*, der unten mit Rost *R* und oben mit einem gut-schliefsenden Deckel *D* versehen ist. An seinem zylindrischen Mantel ist der Überhitzer angesetzt. Derselbe ist ein gufseiserner Feuertopf *F*, der

oben durch eine weite seitliche Öffnung C mit dem Ofenraum in Verbindung steht, am Boden eine mit Platte und Keil verschliefsbare Putzöffnung P besitzt und seitlich drei Flanschenstutzen trägt, an welche die
zu den Düsen führenden Injektorrohre J angeschraubt sind. An seinem
gufseisernen Deckel hängt in den Feuertopf hinein der gufseiserne »Dampfsack« s, ein tiefes Gefäfs von ovalem Querschnitt, das von den Feuergasen
des Ofens umspült wird. Dasselbe besitzt einen Eingangsstutzen und drei
Ausgangsventile v. Ersterer ist mit Zwischenschaltung eines Kondens-
wasserabscheiders an eine Dampfleitung eines nahen Dampfkessels angeschlossen, letztere sind durch enge gebogene Röhren mit den Dampfdüsen d

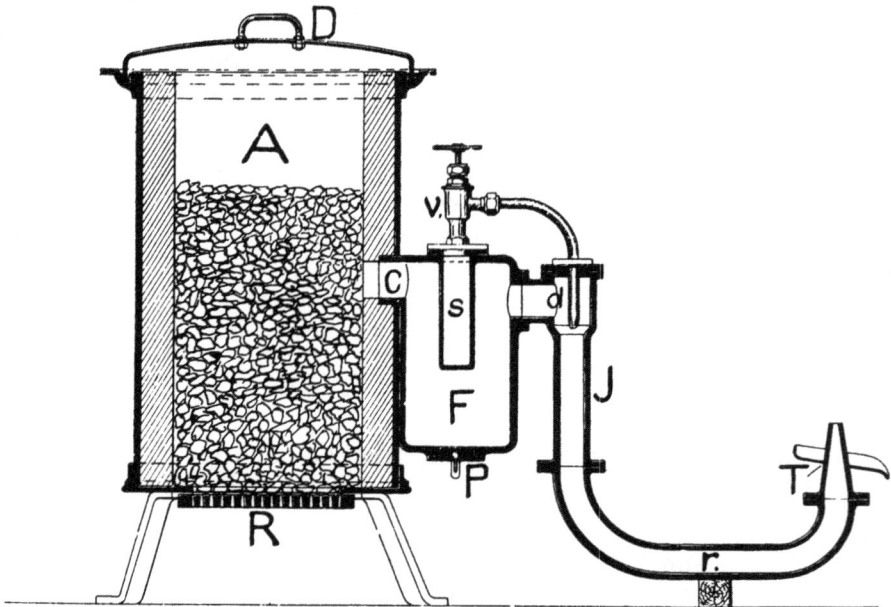

Fig. 12.

verbunden, welche in die Injektorrohre eingebaut sind. An die Injektorrohre schliefsen gufseiserne U-Röhren r an, welche am Ende die mit
Pechablauftellern T versehenen Fafsdüsen tragen.

Die Betriebs- und Wirkungsweise der Maschine ist nun folgende:

Der Koksofen wird zunächst auf dem Rost mit Holz und Spänen,
dann mit einer mäfsigen Schicht Kleinkoks und schliefslich bis fast zum
Rande mit grobem Koks in etwa faustgrofsen Stücken beschickt, wobei
vor die seitliche Öffnung grofse Stücke locker vorgebaut werden, damit
nichts in den Feuertopf fällt. Dann wird bei offenem Deckel angeheizt.
Wenn die ganze Koksfüllung in Glut gekommen ist, wird der Deckel aufgesetzt, dessen Rand in eine Sandrinne eingreift und so abgedichtet wird.

Gleichzeitig wird das Dampfventil geöffnet. Der Dampf durchströmt den Überhitzer und entweicht aus den Strahldüsen in die Injektorrohre. Hier reißt er die umgebende Luft mit sich fort, so daß aus dem Ofen heiße Verbrennungsgase nachgesaugt werden. Diese durchströmen den Feuertopf, umspülen hier den Dampfsack und erhitzen ihn derart, daß der eingeleitete Dampf getrocknet und überhitzt wird. In den Injektorrohren mischt sich dann der überhitzte Dampf mit den angesaugten Ofengasen, und beide zusammen entweichen durch die Faßdüsen mit großer Geschwindigkeit und hoher Temperatur. Werden Fässer über die Düsen gelegt, so erfolgt die Entpichung ganz in derselben Weise wie bei den Heißluft-Entpichmaschinen.

Dampf-Entpichmaschine von C. König in Speyer.

Die Dampf-Entpichmaschine von C. König, Fig. 13, ist in ihrer Konstruktion der im vorstehenden beschriebenen von F. Ringhoffer sehr ähnlich. Wie diese besteht sie aus einem auf Füßen ruhenden Koksofen *A*, dem daran angebauten Dampfüberhitzer *U* und drei von diesem abzweigenden Injektoren *J*.

Der Koksofen ist ein eiserner, mit feuerfesten Steinen ausgemauerter und mit Rost versehener, niedriger Schachtofen. Auf seinem oberen Rande ruht ein gutschließender Deckel *D*, der zum Füllen und Anheizen abgenommen wird, während des Betriebes aber geschlossen bleibt. Der am Ofenmantel angebaute Überhitzer *U* ist ein zylindrischer eiserner Topf, der oben durch eine weite seitliche Öffnung mit dem Innern des Koksofens in Verbindung steht. An seinem Umfange sind die drei Anschlußstutzen für die Injektorrohre angebracht. Im Innern des Überhitzertopfes und mit dessen Deckel fest verbunden befindet sich ein kleineres, allseitig geschlossenes Gefäß *g*, welches von dem zu überhitzenden Betriebsdampf durchstrichen und von den heißen Ofengasen umspült wird. Der an seinem Deckel befindliche Eingangsstutzen *E* wird mit Zwischenschaltung eines Wasserabscheiders an eine Dampfleitung angeschlossen, die gut isoliert von einem nahegelegenen Dampfkessel zum Apparat geführt ist. Aus dem Dampfgefäß heraus führen drei Röhren zu den mit Ventilen *v* versehenen Dampfdüsen *d*, die zentral in den Injektorrohren angebracht und so angeordnet sind, daß die aus ihnen ausströmenden kräftigen Dampfstrahlen die Ofengase aus dem Überhitzer ansaugen und mit sich zu den Faßdüsen führen.

Die Maschine besitzt zwei Transportfaßdüsen *a*, *a*, die mit Pechabläufen versehen sind und aufrecht in der Mitte je eines Faßauflegegestelles stehen. Das dritte Injektorrohr ist aufwärts gerichtet und trägt die Lagerfaßdüse *L*.

Der Betrieb der Maschine gestaltet sich folgendermaßen:

Zunächst wird der Ofen angefeuert und mit faustgroßen Koksstücken gefüllt. Sobald der Koks gehörig in Glut gekommen ist, werden die Dampf-

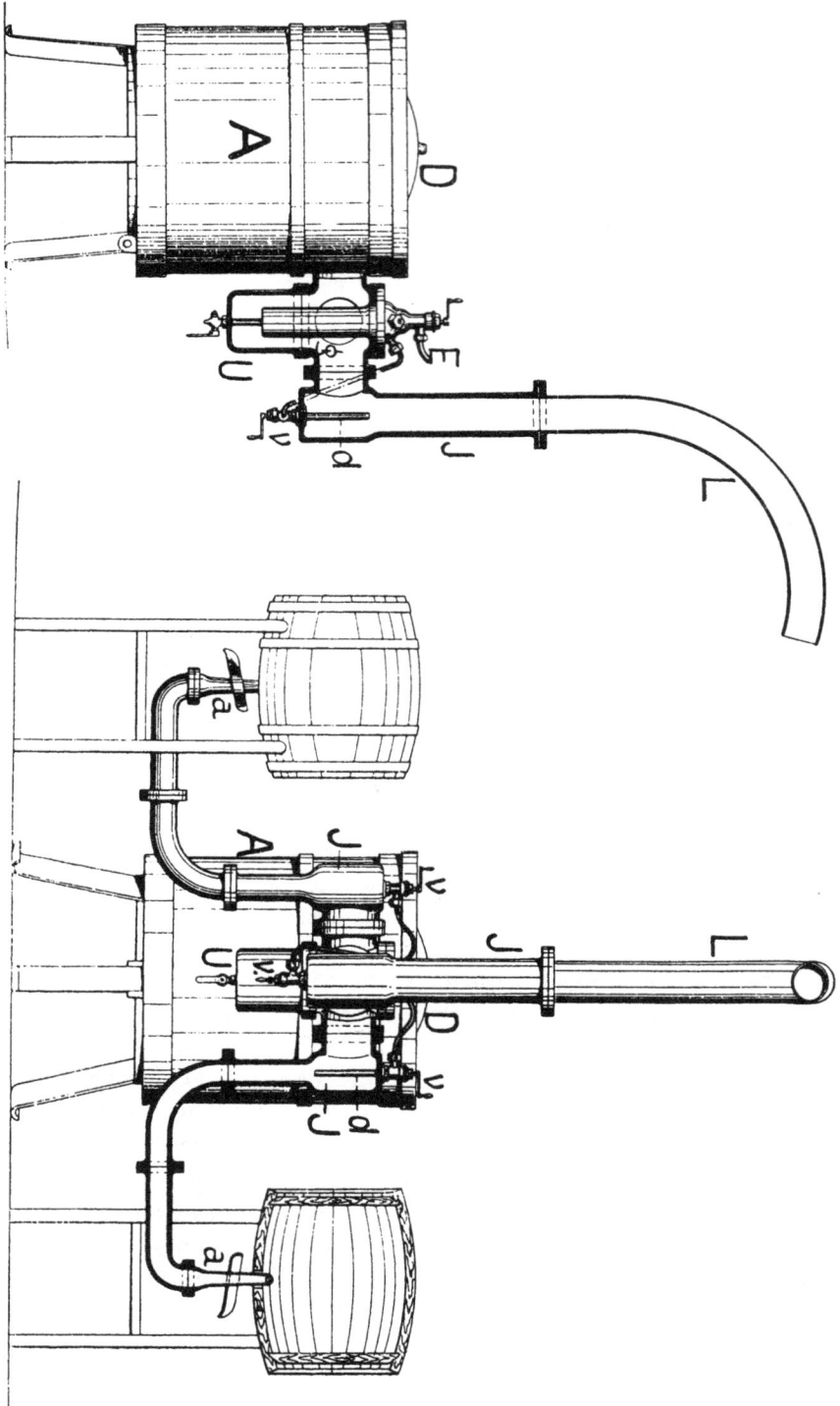

Fig. 13.

ventile geöffnet und der Deckel des Ofens geschlossen. Die Dampfstrahlen in den Injektorrohren saugen die Feuergase aus dem Ofen durch den Überhitzer und führen sie den Pichdüsen zu. Dabei wird das Dampfgefäfs im Überhitzer von den Feuergasen umspült und der Dampf überhitzt. Aus den Pichdüsen strömt daher ein Gemisch von überhitztem Dampf und heifsen Ofengasen, das beim Einleiten in Fässer in ähnlicher Weise die Entpichung bewirkt wie die Ofengase bei den Heifsluft-Entpichmaschinen.

E. Die Pecheinspritzapparate.

Während die bisher beschriebenen Pichapparate ausschliefslich dazu dienen, die alte Pechkruste aus den Fäfsern auszuschmelzen und dieselben für die Neupichnng vorzubereiten, ermöglicht das Einspritzverfahren beides, die Entpichung und die Neupichung, durch eine und dieselbe Operation zu bewerkstelligen und damit, abgesehen von sonstigen Vorteilen, eine beträchtliche Ersparnis an Zeit und Arbeit zu erzielen. Das Einspritzverfahren darf daher als ein bedeutender Fortschritt auf dem Gebiete des Pichereiwesens bezeichnet werden. Aber erst in der neuesten Zeit findet es allgemeineren und nunmehr rasch zunehmenden Eingang in die Praxis, nachdem es gelungen ist, die Apparate in vieler Beziehung zu vervollkommnen. Als eine praktische und bedeutungsvolle Neuerung in der Pichereitechnik nimmt es ein besonderes Interesse für sich in Anspruch, und wir haben deshalb geglaubt, die einzelnen Apparate und Methoden hier eingehender beschreiben zu sollen, zumal da auch die Kenntnis der konstruktiven Einzelheiten zum Verständnis der ganzen Wirkungsweise nötig erscheint.

Die Apparate werden teils als Entpich- und Pichapparate gebaut, teils ausschliefslich als Pichapparate, letztere also nur zur Herstellung des neuen Pechüberzuges in Fässern, die schon nach einer der früher beschriebenen Methoden entpicht worden sind. Das bedingt einige Unterschiede in der Konstruktion und namentlich in der Gröfse der Apparate. Ein wesentlicher Unterschied aber im Prinzip und im Bau der Maschine ergibt sich aus der Wahl des Druckmittels, durch welches das flüssige Pech aus dem Apparat in die Fässer gespritzt wird. Hier sind zwei völlig verschiedene Konstruktionen zu unterscheiden, nämlich:

1. Apparate mit mechanischen Pechpumpen,
2. Apparate mit Druckluftbetrieb.

Beide Arten sind durch je drei verschiedene Maschinentypen vertreten, die in nachstehendem besprochen werden sollen. Die Reihenfolge der Beschreibungen ist eine willkürliche, nur dem Zweck der Arbeit entsprechend gewählte.

1. Apparate mit mechanischen Pechpumpen.

Patent Theurers Milwaukee-Pichapparat.

Das Prinzip des Theurer-Pichapparates, Fig. 14, ist folgendes:

Aus einem von unten geheizten grofsen Pechkessel wird das flüssige, etwa 200⁰—220⁰ C heifse Pech mittels einer am Deckel des Kessels angebrachten und in das flüssige Pech hinabreichenden Zentrifugalpumpe nach zwei oder mehreren Strahlrohren (Spindeln) getrieben, die senkrecht aus dem Deckel hervor- und durch das Spundloch der aufgelegten Fässer in diese hineinragen. Dieselben können beliebig in Tätigkeit gesetzt oder ausgeschaltet werden. Beim Einschalten einer solchen Spindel spritzt das Pech durch den aufgesetzten Spritzkopf (Düse) in fächerförmigem Strahl in das Fafs, während gleichzeitig das Strahlrohr in Drehung versetzt wird, so dafs die Wände des Fasses innen gleichmäfsig von dem eingespritzten Pech bespült werden. Der Überschufs des eingespritzten Peches läuft mit dem ausgeschmolzenen alten Pech durch das Spundloch ab und gelangt durch ein Sieb in den Pechkessel der Maschine zurück. Nach dem Abstellen des Strahlrohres kann das Fafs abgehoben werden. Der entstehende Qualm (Pechdämpfe) wird mittels Dampfstrahlgebläses abgesaugt.

Im einzelnen besitzt die Maschine die aus der Zeichnung ersichtliche Einrichtung. *A* ist der gufseiserne Pechkessel von rechteckigem Querschnitt und mit flachem Boden versehen, *B* die in der Regel vertieft gelegene Feuerung mit Rost und Abzugsrohr, das nach dem Schornstein führt. Der Kessel ruht mit seinem flanschenartigen Rande auf dem Kopf des Mauerwerkes. An dem Deckel *D* ist unten die Zentrifugalpumpe *C* mittels der nach den Spindeln *EE* führenden Röhren *FF* befestigt. Die Achse *G* der Pumpe geht durch den Deckel und trägt oben die Riemenscheibe *H*, welche zum Antrieb der Pumpe dient. Ein kleines, am Deckel angebrachtes Vorgelege *J* gibt dem Riemen die nötige Richtung. *K* ist ein Thermometer, mit welchem die Pechtemperatur abgelesen wird, *L* ein Behälter für Harzöl, aus dem während des Betriebes Harzöl (Mystic·oil) in das Pech tropfenweise eingeführt wird, um das mit den Pechdämpfen entweichende Harzöl zu ersetzen und so dem Pech die nötige Geschmeidigkeit zu bewahren. Das abnehmbare U·Rohr *M* verbindet eine im Deckel des Kessels befindliche Öffnung mit dem Abzugsrohr *N*, das in die Feuerung führt, und in welches durch das Ventil *O* ein Dampfstrahl derartig einbläst, dafs die Pechdämpfe aus dem Kessel abgesaugt und über das Feuer geführt werden. Statt der Abzugseinrichtung *M, N, O* wird in neuerer Zeit bei den grofsen zum Lagerfafspichen bestimmten Apparaten, auf Wunsch auch bei den kleineren, ein besonderes, vom Feuer sorgfältig getrenntes Abzugsrohr mit Dampfgebläse angebracht, welches die Pechdämpfe direkt über das Dach der Pichhalle abführt.

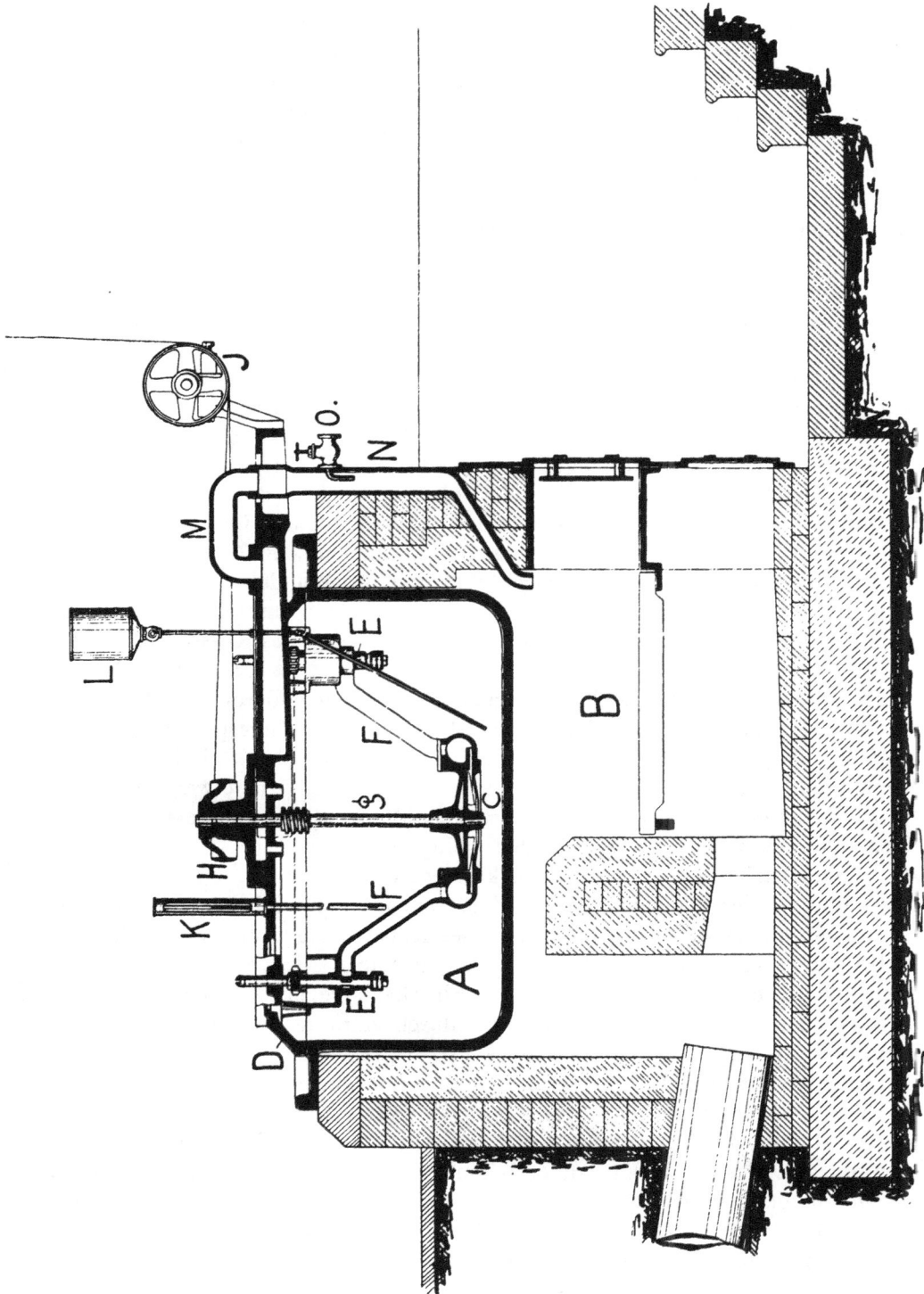

Fig. 14.

Die Konstruktion der Spindeln, welche das Pech als Strahl in das
Fafs einzuführen haben, verdient besondere Beschreibung:

Die Spindel besteht aus einem hohlen, unten geschlossenen und oben
mit einem auswechselbaren Spritzkopf versehenen Schaft, der sich in seiner
Fassung (am Deckel des Apparates) drehen und auf und ab verschieben
kann. Diese Fassung ist innen zu einer kleinen runden Kammer erweitert,
durch welche der Schaft der Spindel hindurchgeht. In die Kammer mündet
der Druckkanal F der Zentrifugalpumpe. Am Spindelschaft sind Schlitze
in bestimmter Höhe angebracht, welche beim Hochziehen der Spindel in
die Kammer eintreten und so das von der Zentrifugalpumpe in die Kammer
gedrückte Pech in den hohlen Schaft einströmen lassen, aus welchem es
dann durch den Spritzkopf als Pechstrahl in das Fafs gelangt. Gleichzeitig
greift ein auf der Spindel befestigtes Zahnrädchen in ein Schraubengetriebe
ein, welches unter dem Deckel des Pechkessels liegt und von der Achse der
Zentrifugalpumpe angetrieben wird. Dadurch wird die Spindel in Rotation
versetzt, solange sie hochgezogen ist und der Pechstrahl austritt. Wird die
Spindel niedergedrückt, so wird der geschlitzte Teil des Schaftes nach
unten aus der Kammer herausgeschoben und damit der Pechstrahl unterbrochen. Gleichzeitig wird durch das Niederdrücken das Zahnrädchen aus
dem Eingriff in das Getriebe ausgerückt, und die Spindel steht still. Das
Hochziehen und Niederdrücken der Spindel geschieht mittels eines in der
Figur nicht sichtbaren Hebels, der durch den Deckel des Kessels hindurchgeht und am unteren Ende des Schaftes angebracht ist. Auf diese Weise
kann jede Spindel für sich, unabhängig von den anderen, in Tätigkeit
gesetzt oder ausgerückt werden. Der Überschufs des eingespritzten Peches
läuft durch Öffnungen im Deckel, welche sich neben den Spindeln (Injektoren) befinden, in den Kessel der Maschine zurück. Um etwaige gröbere
Unreinigkeiten aus den Fässern zurückzuhalten, sind in diese Öffnungen
Siebtafeln mit mäfsig grofsen Löchern eingesetzt.

Der Betrieb des Apparates ist kurz folgender:

Das zu verwendende Pech wird entweder in einem besonderen Kessel
geschmolzen und dann in den Kessel des Apparates gefüllt, oder in diesem
selbst durch vorsichtiges Anheizen flüssig gemacht. Dann wird der Deckel
der Pichmaschine, welcher an einem Flaschenzuge hängt, niedergelassen
und auf den Kessel aufgesetzt, worauf durch stärkeres Heizen die Temperatur des Peches schliefslich bis etwa 210° C gesteigert wird. Sobald sich
Pechdämpfe entwickeln, wird durch Öffnen des Dampfventils der Dampfstrahl im Abzugrohr in Tätigkeit gesetzt. Erst dann darf durch Aufsetzen
des U-Rohres die Verbindung des Kessels mit dem Abzugrohr hergestellt
werden. Ist das Pech alt, d. h. schon gebraucht gewesen, so kann man
gleich mit der Picharbeit beginnen, andernfalls mufs das Pech zuvor noch
einige Stunden »vorgekocht«, d. h. auf 210°—220° erhitzt gehalten werden.
Danach wird das Feuer auf den hinteren Teil des Rostes zurückgeschoben

und stets nur so viel Brennmaterial nachgelegt, daſs die Pechtemperatur im Kessel sich auf etwa 210⁰ C hält. Nach Auflegen des Riemens auf die Riemenscheibe der Zentrifugalpumpe und Einrücken derselben ist der Apparat gebrauchsfertig.

Zum Pichen der Transportfässer werden diese auf die dafür bestimmten Lager derart aufgelegt, daſs das Spundloch sich über der Spindel befindet, worauf diese mittels des Hebels hochgezogen und in Tätigkeit gesetzt wird. Das heiſse Pech spritzt dann in kräftigem Strahl nach allen Richtungen in das Faſs und schmilzt zunächst das alte Pech aus demselben heraus, das mit dem Überschuſs des neu eingespritzten Peches durch das Spundloch abläuft und durch die Sieböffnung im Deckel des Apparates in den Kessel zurückflieſst. Je nach der Gröſse des Fasses wird ½ bis mehrere Minuten Pech eingespritzt. Dann wird die Spindel mit dem Hebel niedergedrückt und so auſser Tätigkeit gesetzt. Nach kurzem Ablaufenlassen des über- schüssigen Peches ist das Faſs fertig. Es wird zweckmäſsig mit kalter Luft ausgeblasen.

Lagerfässer werden in ähnlicher Weise gepicht wie Transportfässer, nur werden dieselben nicht auf die Pichmaschine aufgelegt, sondern über derselben mittels eines Hebezeuges aufgehängt. Die zu benutzende Spindel ist dabei durch ein aufgeschraubtes besonderes Düsenrohr verlängert. Das Einspritzen dauert etwa 8 bis 15 Minuten und ist zu beenden, wenn die Temperatur des ablaufenden Peches nur wenige Grade niedriger ist als die Pechtemperatur im Kessel. Während des Einspritzens ist das Faſs ge- schlossen. Nur in dem Zapfloch des Türchens ist ein kurzes offenes Knie- rohr eingeschraubt, das der Luft und den Pechdämpfen gestattet, aus dem Faſs ins Freie zu entweichen.

Ist die Picharbeit an dem Apparat beendet, so wird zuerst das U-Rohr entfernt, dann erst darf der Dampfstrahl abgestellt werden. Hierauf wird der Deckel des Apparates mit dem Flaschenzuge hochgezogen und zweckmäſsig das Pech aus dem Kessel ausgeschöpft. Der Satz am Boden ist zu entfernen.

Fassentpich- und Pichmaschine von Paul Kühne, Charlottenburg D. R. P. Nr. 108 126,

gebaut von der Maschinenfabrik Germania, Chemnitz.

Die Faſsentpich- und Pichmaschine von Paul Kühne D. R. P. Nr. 108 126, Fig. 15, ist eine Pecheinspritzmaschine, bei welcher das Pech, ähnlich wie bei dem Theurer-Apparat, durch Zentrifugalpumpen nach den Spritzdüsen gepreſst wird. Sie unterscheidet sich indessen von den übrigen Pechspritz- apparaten wesentlich dadurch, daſs sie völlig automatisch die aufgelegten Transportfässer zunächst mit altem Pech entpicht, dann mit neuem Pech bepicht und schlieſslich mit reiner erwärmter Luft ausbläst. Dadurch wird bezweckt, daſs einerseits das zum Pichen verwendete Pech rein bleibt, und

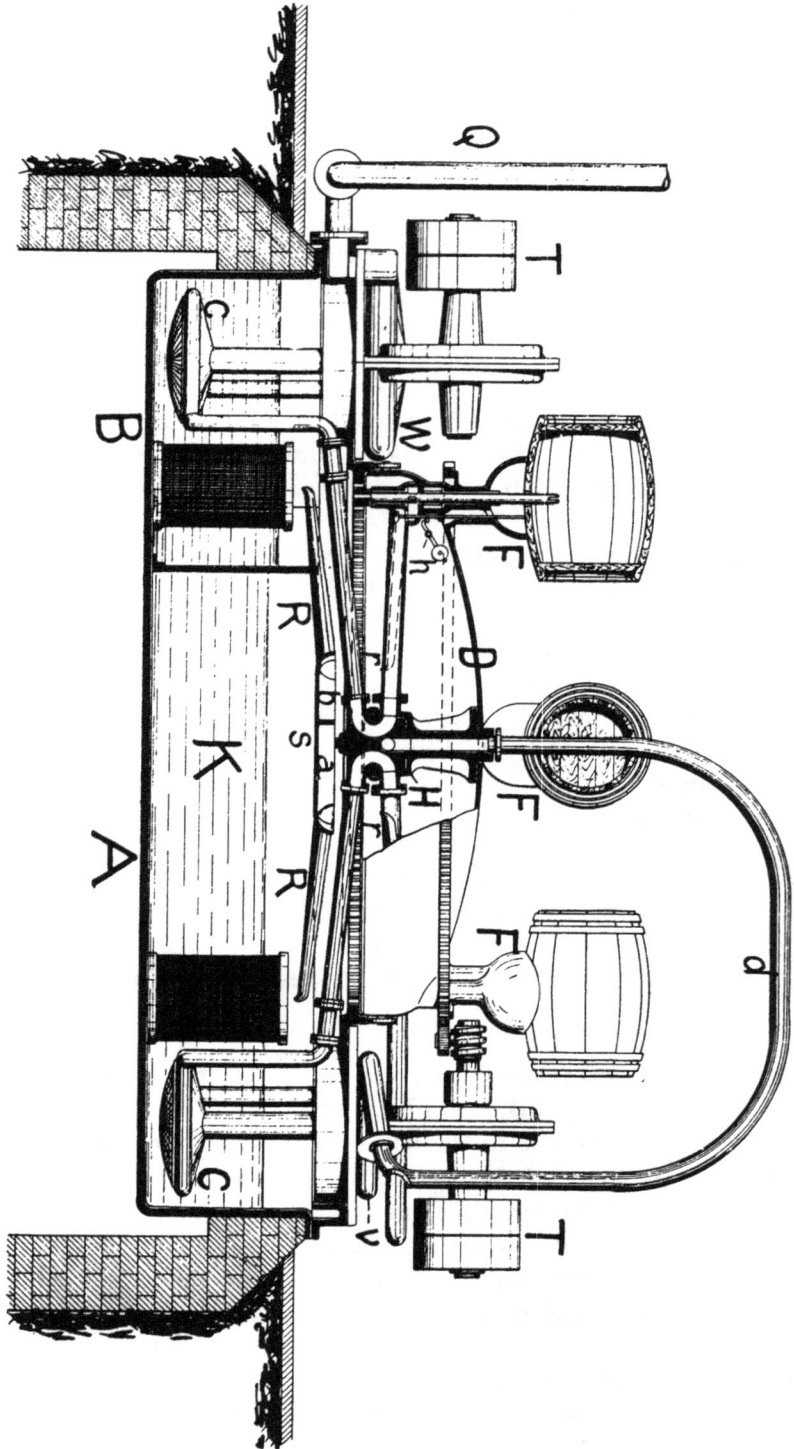

Fig. 15.

dafs anderseits die Arbeit unabhängig von der Zuverlässigkeit der Arbeiter stets in ganz gleichmäfsiger Weise von der Maschine selbst bis zum Abheben der fertigen Fässer selbsttätig durchgeführt wird.

Wie aus der Zeichnung ersichtlich ist, besteht die Maschine aus einem in die Feuerung eingebauten ovalen Pechkessel K, der durch eine gebogene Querwand in zwei ungleich grofse Abteilungen, A und B, geteilt ist. Die gröfsere derselben dient zur Aufnahme des alten Peches, die kleinere ist für das frische Pech bestimmt.[1]) In jede dieser Abteilungen taucht eine am ovalen Deckel des Kessels angebrachte Zentrifugalpumpe C, welche von oben mittels besonderer Transmission T, Zahnrad und Schnecke, angetrieben wird. Die Druckröhren beider Pumpen führen nach der Mitte zu dem feststehenden und von einem Querträger gestützten Küken eines zentralen Mehrweghahnes H, dessen Mantelkörper mit einem als Drehscheibe ausgebildeten kreisrunden Deckelteil D fest verbunden ist. Dieser um die senkrechte Achse des Hahnes drehbare Teil des Deckels bildet eine grofse flache Haube, die auf Rollen läuft und an deren Rande sich vier symmetrisch angeordnete Fafslagerböcke F befinden, in welchen je eine Spritzdüse aufrecht steht. Jede der vier Düsen ist durch ein Rohr mit dem Zentralhahn verbunden, während umgekehrt von jedem Fafslagerbock eine Rinne r nach der Mitte führt. Die vier Rinnen endigen über einer feststehenden Schüssel S, die wie der Pechkessel durch eine Querwand in zwei Abteilungen, a und b, geteilt ist. Von jeder Schüsselabteilung führt wieder eine Rinne R in die entsprechende Kesselabteilung. Das aus den Fässern ablaufende, überschüssig eingespritzte Pech gelangt demnach durch den Lagerbock und die zugehörige Pechrinne über die Pechschüssel nach der Kesselabteilung wieder zurück, aus der es stammt. Um Verunreinigungen aus dem Pech zurückzuhalten, ist in jeder Kesselabteilung unter der Rücklaufrinne ein Siebkasten angebracht.

Der drehbare Deckelteil samt den auf ihm befindlichen Fafslagern und Düsen sowie den unter ihm befindlichen Röhren und Rinnen wird durch eine von der Transmission der Altpechpumpe angetriebene Schneckenradübersetzung langsam in horizontaler Richtung wie eine Drehscheibe herumgedreht. Dabei rotieren die Düsen, welche drehbar in die Fafslagerböcke eingesetzt und unter denselben am geschlossenen Ende mit einem Zahnrädchen versehen sind, welches in einen am feststehenden Deckelteil angebrachten Zahnkranz eingreift.

Die Bohrungen des Zentralhahnes sind derartig angeordnet, dafs zunächst die Düse abgesperrt ist, welche sich an der zum Auflegen der Fässer bestimmten Stelle befindet. Ist das Fafs aufgelegt, und bewegt sich dasselbe mit dem sich drehenden Deckelteil weiter auf seiner kreisförmigen

---

[1]) Bei den neueren Maschinen sind zwei völlig voneinander getrennte Kessel in die Feuerung eingebaut.

Bahn, so wird die in Rede stehende Düse zuerst mit dem Druckrohr der
im Altpech arbeitenden Zentrifugalpumpe verbunden und das aufliegende
Faſs einige Zeit mit altem Pech ausgespritzt bzw. entpicht, wobei das aus
dem Spundloch auslaufende Pech vom Lagerbock durch die Rinne und die
Schüssel wieder in die Kesselabteilung für Altpech zurückflieſst. Nachdem
das Faſs etwas mehr als einen Viertelkreisbogen zurückgelegt hat, schlieſst
sich die Verbindung der Düsenleitung mit der Altpechpumpe, so daſs die
Einspritzung unterbrochen wird. Dann öffnet sich ein Kanal, durch den
das in der Düse enthaltene Altpech in die entsprechende Schüsselabteilung
abflieſsen kann, worauf auch dieser sich wieder schlieſst. Danach kommt
die Düse in Verbindung mit dem Druckrohr der im Reinpech arbeitenden
Pumpe, so daſs das Faſs nun eine kurze Zeit mit reinem Pech ausgespritzt
bzw. gepicht wird, wobei der ablaufende Pechüberschuſs über die zweite
Schüsselabteilung in die Kesselabteilung für Reinpech zurückflieſst. Weiter-
hin wird das Druckrohr der Reinpechpumpe abgesperrt, und es öffnet sich
wieder ein Kanal, der das noch in der Düse enthaltene Reinpech in die
betreffende Schüsselabteilung ablaufen läſst. Nachdem auch dieser sich
wieder geschlossen hat, kommt die Düse in Verbindung mit dem Druckrohr d eines Ventilators v, der von der Transmission der Altpechpumpe
angetrieben wird und reine Luft in den Zentralhahn sendet. Das Faſs
wird also mit reiner Luft ausgeblasen, bis bei weiterer Drehung des Deckels
auch der Luftkanal sich wieder schlieſst und das Faſs fertig gepicht und
ausgeblasen von der Maschine abgenommen werden kann.

Denselben Weg machen nacheinander alle vier Düsen, die auf dem
drehbaren Deckel angebracht sind. Es können daher bei jeder Umdrehung
des langsam rotierenden Deckels je vier Fässer vollständig fertig entpicht,
gepicht und ausgeblasen werden. Dazu ist nur nötig, auf jede Düse, welche
an die Auflegestelle kommt, ein Faſs aufzulegen und dann die Fässer der
Reihe nach wieder abzuheben, nachdem sie einmal um die Maschine herum-
gegangen sind.

Damit aber keine Düse in Tätigkeit tritt, auf welcher kein Faſs aufliegt, sind alle Düsen mit Ventilen versehen, die durch Gewichtshebel h
verschlossen gehalten werden. Erst durch das Auflegen eines Fasses wird
das Ventil der betreffenden Düse geöffnet, indem durch das Faſs die im
Faſslager aufrecht stehende Ventilstange niedergedrückt wird. Beim Abheben des Fasses schlieſst sich das Ventil automatisch wieder.

Die beim Betrieb der Maschine entstehenden Pechdämpfe werden
durch einen Ventilator W angesaugt, der von der Transmission der Reinpechpumpe angetrieben wird und die Dämpfe in ein besonderes Qualm-
abzugsrohr Q abführt.

Um auch Lagerfässer mit dieser Maschine pichen zu können, ist dieselbe
noch mit einer besonderen Lagerfaſsdüse versehen, die sich in einem an der
Seite der Maschine aufgestellten stationären Faſslagerbock befindet. Auch

hier geschieht die Entpichung mit Altpech, die Neupichung mit Reinpech. Zu dem Zweck ist von jeder Pechpumpe ein Druckrohr zur Düse geführt, während umgekehrt der Pechrücklauf vom Faſslagerbock durch zwei an dessen beiden Seiten angeschlossene Bogenröhren nach den beiden Kesselabteilungen geschieht. Die Düse ist durch Hebelvorrichtung hoch und tief verstellbar. Niedergelassen ist sie ausgeschaltet, hochgezogen kommt sie mit den Pechleitungen in Verbindung, während gleichzeitig ein unten angebrachtes Zahnrädchen in eine Transmission eingreift, welche die Düse in Drehung versetzt. Auſser den Pechleitungen ist auch die Windleitung des Ventilators an die Düse angeschlossen.

Die Steuerung geschieht von Hand mittels einer mit Handrad versehenen und von besonderem Träger gehaltenen Steuerwelle. Sie ist so eingerichtet, daſs nacheinander mit Altpech gespritzt, dann mit Luft ausgeblasen und nach dem Umsteuern mit Reinpech gespritzt und wieder mit Luft ausgeblasen werden kann. Während der ersten beiden Operationen wird das abflieſsende Pech in die Kesselabteilung für Altpech, während der letzten beiden in die Kesselabteilung für Reinpech zurückgeleitet.

Zum Pichen von Lagerfässern wird die Drehvorrichtung des beweglichen Deckelteils ausgeschaltet. Dann wird das zu pichende Faſs mittels Faſsrollwagen über die Lagerfaſsdüse gefahren und diese durch Hochziehen in das Spundloch eingeführt, worauf sofort das Ausspritzen mit Altpech beginnen kann. Ist das Faſs genügend entpicht, so wird dasselbe kurze Zeit mit reiner Luft ausgeblasen, bis das alte Pech abgelaufen ist, dann mit Reinpech ausgespritzt und wieder ausgeblasen. Es ist dann fertig und kann nach Niederlassen der Düse abgerollt werden.

Pecheinspritzapparat (Patent Bernreuther) von S. Lion-Levy in Hamburg.

Für die Bernreutherschen Pecheinspritzapparate hat die Firma S. Lion-Levy in Hamburg den Vertrieb übernommen. Dieselben sind ausschlieſslich zum Pichen von Kleingeschirr bestimmt, das vorher zweckmäſsig mittels eines Heiſsluftapparates entpicht wird. Infolgedessen handelt es sich hier nur um ein kurzes Ausspritzen mit verhältnismäſsig kleinen Mengen von Pech, wozu nur wenig Kraft erforderlich ist. Dementsprechend sind diese Apparate auch nur für Handbetrieb eingerichtet.

Wie aus der Zeichnung, Fig. 16, ersichtlich ist, besteht der Bernreuthersche Apparat im wesentlichen aus einem Pechkessel K, der in eine Feuerung eingebaut und mit Deckel verschlossen ist. An dem Deckel ist eine einfache, als Pechspritze wirkende Plungerpumpe P angebracht, die in das Pech des Kessels hinabreicht, und deren Druckrohr in einer seitlich an der Maschine befestigten Düse D endet. Der Pumpenkolben wird mittels eines Handhebels H bewegt. Die Spritzdüse steht aufrecht in einem

Sammeltopf T für das aus dem Faſs auslaufende überschüssig eingespritzte
Pech, das aus dem Topf wieder in den Kessel zurückfließt. Über dem
Topf ist ein »Teller« oder Ring R angebracht, der als Faſslager dient und
das aufgelegte Faſs während des Einspritzens zu drehen erlaubt. Der Pechkessel ist mit einem Abzugsrohr Q für die Pechdämpfe versehen, wodurch

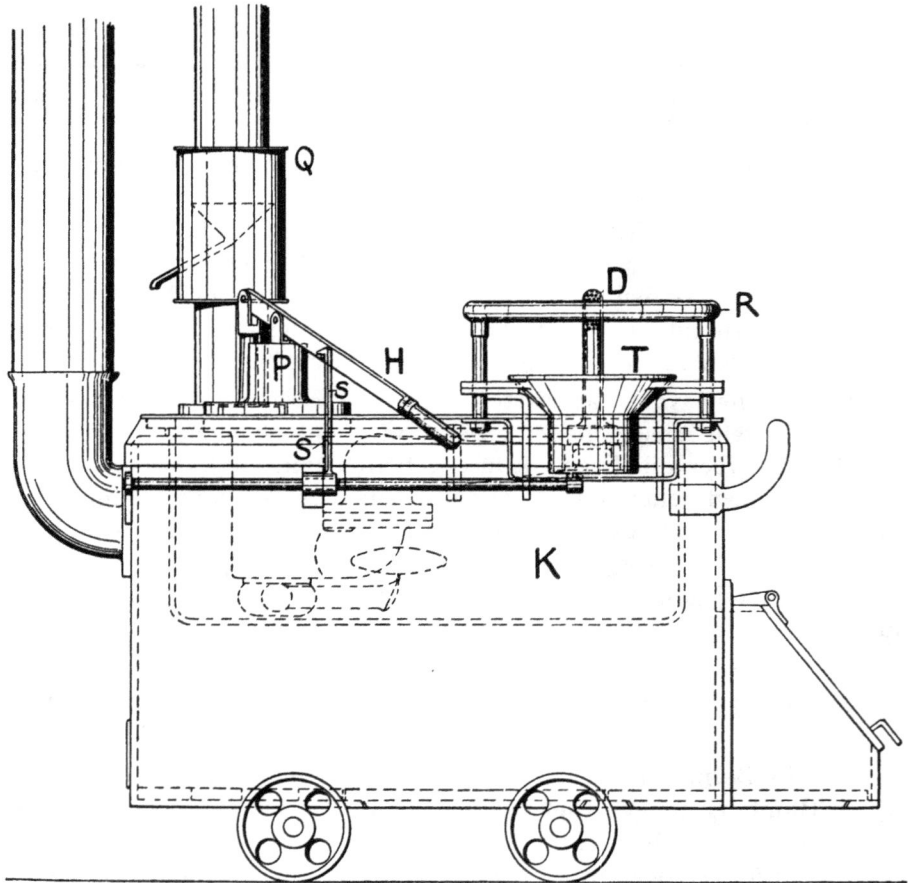

Fig. 16.

ein qualmfreies Arbeiten ermöglicht wird. Ein in der Nähe der Pumpe in
den Kessel einsteckbares Thermometer erlaubt die Pechtemperatur während
der Arbeit zu kontrollieren. Dieselbe soll 190° bis 200° betragen. Schließlich
ist noch eine an der Seite der Maschine angebrachte Sicherheitsvorrichtung S
zu erwähnen, welche den Handhebel der Pumpe festhält, wenn kein Faſs
auf der Düse liegt. Diese Sicherung wird durch das Auflegen des Fasses
auf den »Teller« ausgelöst, so daſs nur dann Pech aus der Düse aus
gespritzt werden kann, wenn ein Faſs über derselben liegt. Dadurch sollen

die mit der Picharbeit betrauten Arbeiter vor Verbrennungen durch heißes Pech geschützt werden.

Die Maschinen werden stationär oder fahrbar mit einer oder zwei Pumpen bzw. Spritzdüsen gebaut.

Der Betrieb gestaltet sich folgendermaßen:

Ist das Pech im Kessel geschmolzen und auf die richtige Temperatur gekommen, so wird ein durch Heißluft eben entpichtes Faß so auf den Pichteller der Maschine gelegt, daß die Düse durch das Spundloch in das Innere des Fasses hineinragt. Hierdurch wird, wie oben bemerkt, die Sicherung ausgelöst und der Handhebel der Pumpe freigegeben. Darauf wird mit mehreren Kolbenstößen Pech in das Faß gespritzt, während dieses gleichzeitig auf dem Teller gedreht wird, so daß das eingespritzte Pech die inneren Wandungen des Fasses überall gleichmäßig bespült. Ist genügend Pech eingespritzt, so wird das Faß nach kurzem Auslaufenlassen abgehoben und ist fertig gepicht.

2. Apparate mit Druckluftbetrieb.

Universal-Pichapparat System Rauch von M. Seidenberger Söhne in Nürnberg.

Der amerikanische Universal-Pichapparat System Rauch, für welchen die Firma M. Seidenberger Söhne in Nürnberg die Vertretung für Europa übernommen hat, ist ein Einspritzapparat, bei welchem das flüssige Pech mittels Druckluft in die zu pichenden Gebinde gespritzt wird.

Seine Konstruktion ist die folgende, s. Fig. 17:

Ein rechteckiger eiserner Pechkessel, welcher mit seinem flanschenartigen Rande auf dem Mauerwerk der Feuerung ruht und von unten geheizt werden kann, ist durch einen etwa in halber Höhe angebrachten horizontalen Zwischenboden und eine senkrechte Querwand, welche von unten bis zu dem Zwischenboden reicht, in einen oberen Behälter X und die beiden unten liegenden Kammern NN geteilt. Die letzteren dienen als Druckkammern aus denen das flüssige Pech mittels Druckluft durch die Injektoren BB in die Fässer gespritzt wird, während der Behälter X zur Aufnahme des Vorrates an flüssigem Pech und des aus den Fässern zurückfließenden Pechüberschusses bestimmt ist. In dem Zwischenboden befinden sich die Ventile GG, die sich nach unten öffnen und das flüssige Pech aus dem Raume X in die Kammern NN einfließen lassen, wenn dieselben nicht unter Druck stehen. Sie schließen sich, sobald Druckluft in die Kammern eingelassen wird. Um Verunreinigungen aus dem Pech zurückzuhalten, sind sie mit den Sieben FF überdeckt. Auf dem Rande des Kessels ruht der Deckel H, welcher in der Mitte eine Eingußöffnung besitzt, die mittels eines abnehmbaren Deckels geschlossen ist. An den Seiten sind auf dem Deckel *H* die ringförmigen Lagerböcke *KK* angebracht, auf welche die Transportfässer zum Pichen aufgelegt werden, und in deren Mitte die Injektoren *BB* hervorstehen.   Nicht sichtbar sind in der Figur die Öffnungen im Boden der Lagerböcke, durch welche das aus den Fässern zurück-fliefsende Pech wieder in den Behälter *X* zurücklaufen kann.   Diese

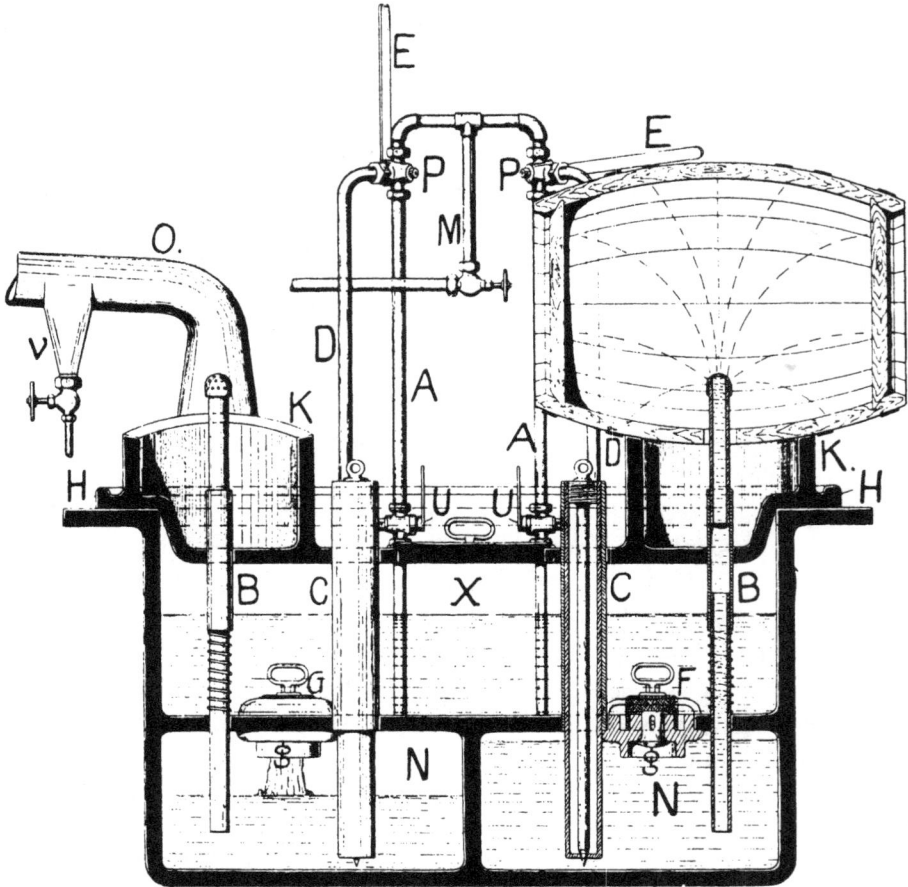

Fig. 17.

Öffnungen sind mit Siebtafeln überdeckt. *O* ist ein Abzugsrohr, welches die Pechdämpfe aus dem Behälter *X* abführt. Dasselbe ist mit einem Öl-abscheider *V* versehen, in welchem sich die aus den Pechdämpfen zur Abscheidung kommenden Öle sammeln, und aus dem dieselben dann mittels des unten angebrachten Hahnes abgelassen werden können.

Die zum Betriebe der Maschine erforderliche Druckluft wird von der Luftleitung *M* durch das obere Kreuzstück den beiden Dreiweghähnen *PP* zugeführt, welche die Leitung absperren, wenn die Hebel *EE* senkrecht nach oben stehen. Wird einer dieser Hähne durch Niederlegen seines Hebels E geöffnet, so strömt die Luft durch das Rohr A und den geöffneten Hahn U in die betreffende Druckkammer N, schließt das Ventil G und treibt das flüssige Pech aus der Kammer durch den Injektor in das aufgelegte Faß. Soll der Pechstrahl unterbrochen werden, so wird der Hebel E in die senkrechte Stellung zurückgedreht. Dadurch wird die Druckluft abgesperrt und gleichzeitig das Rohr A durch die zweite Bohrung des Hahnes mit dem Rohr D verbunden, das in der Figur in den oberen Behälter X führt, in neuerer Zeit aber direkt in das Abzugsrohr O eingeführt ist. Bei dieser Hahnstellung entweicht also die Druckluft aus der in Tätigkeit gewesenen Kammer wieder durch die Röhren A und D, der Überdruck verschwindet, und das Ventil G öffnet sich, so daß das flüssige Pech aus dem Behälter X in die Kammer einlaufen und diese wieder füllen kann. Sie ist dann sofort wieder betriebsbereit. Die beiden Kammern NN können gleichzeitig oder zweckmäßiger abwechselnd benutzt werden.

Es bleibt noch übrig die sog. Sicherheitsventile CC zu beschreiben, welche dazu dienen sollen, beim Anheizen der Maschine die sich am Boden unter der noch ungeschmolzenen Pechdecke entwickelnden Dämpfe ins Freie abzuführen. Sie bestehen je aus einer eisernen Stange, die unten in eine Spitze ausläuft und mit dem oben angebrachten Gewinde in eine eiserne Hülse so weit eingeschraubt ist, daß die Spitze die untere Öffnung der Hülse verschließt. Diese Vorrichtung ist in ein Rohr eingeschoben, das durch den Deckel der Pichmaschine bis in die Druckkammer führt. Die Spitze des Ventils reicht dann bis zum Boden des Kessels. Vor dem Anheizen der Maschine wird der Eisenstab herausgeschraubt, so daß die Pechdämpfe vom Boden der Kammer entweichen können. Ist das Pech flüssig geworden, so wird auch die Hülse des Ventils aus dem Führungsrohr herausgezogen und dieses mit einer Kapsel verschlossen. Hülse und Stab werden gereinigt und bleiben miteinander verschraubt während der Picharbeit draußen liegen. Ist die Picharbeit beendet, so werden sie wieder in die Maschine eingesetzt. Zur Abführung der Pechdämpfe, welche sich beim Anheizen im oberen Teil der Kammer sammeln, dienen die Dreiweghähne UU, welche bei aufrecht gestelltem Handgriff die Kammern mit der Außenluft verbinden, bei horizontal gestelltem Handgriff dagegen die Öffnung nach außen verschließen, während sie bei dieser Stellung gleichzeitig das Druckrohr A mit der Kammer verbinden.

Um das Austreten von flüssigem Pech gleichzeitig mit den durch die Hähne UU entweichenden Pechdämpfen möglichst zu vermeiden, werden neuerdings unterhalb der Hähne UU sog. Pechabscheider angebracht, die den Wasserabscheidern in Dampfleitungen ähnlich sind.

Gefüllt wird die Maschine durch Eingießen von Pech, das in einem besonderen Kessel geschmolzen und genügend »vorgekocht« ist.

Die Inbetriebsetzung und Bedienung der Maschine ist folgende :

Nach Herausschrauben der Ventilstangen und Öffnen der Hähne *UU* wird sehr langsam angeheizt. Ist das Pech flüssig und genügend heifs (200^0 bis 210^0) geworden, so werden die Hülsen der Ventile herausgezogen, ihre Leitrohre verkapselt und die Hähne *UU* geschlossen.

Damit ist die Maschine betriebsbereit. Sind die zu pichenden Fässer auf die Böcke aufgelegt, so wird zunächst nur der eine Hebel *E* in wagerechte Stellung gebracht, so dafs er auf dem zu pichenden Fasse aufliegt. Dadurch wird der entsprechende Hahn *P* geöffnet und die Druckluft in die Kammer *N* eingelassen. Das Ventil *G* schliefst sich, und das heifse Pech spritzt in grofser Menge durch den Spritzkopf in das Fafs, schmilzt hier zunächst das alte Pech heraus und überzieht dann die Wandungen mit einer neuen Pechschicht. Nach dem Prospekt soll eine Einspritzdauer von 15 bis 20 Sekunden für Transportfässer jeglicher Gröfse genügen. Darauf wird der Hebel *E* wieder in seine senkrechte Stellung zurückgebracht, wodurch die Druckluft abgesperrt wird. Der Überdruck in der Kammer gleicht sich durch Rohr *D* aus, der Pechauswurf hört auf, Ventil *G* öffnet sich und die Kammer füllt sich von neuem mit Pech. Während dieser Vorgänge wird das zweite Fafs auf der anderen Seite der Pichmaschine in gleicher Weise behandelt und so weiter. Es ist zu empfehlen, die Fässer, nachdem der Pechüberschufs ausgelaufen ist, mit kalter Luft auszublasen. Nach Beendigung der Picharbeit werden die Hähne *UU* geöffnet und die Sicherheitsventile *CC* wieder in die Röhren ëingeschoben, worauf die Maschine bis zum nächsten Pichen stehen bleibt.

Nach längerer Benutzung mufs sie entleert und gereinigt werden, wofür besondere Anweisung erteilt wird.

Sollen auch Lagerfässer aufser den Transportfässern gepicht werden, so wird hierzu eine Maschine verwendet, welche noch spezielle Einrichtungen für diesen Zweck besitzt. In dem Raume *X* dieser Maschine sind die beiden für die Transportfässer bestimmten Injektoren durch Zweigleitungen mit einem Stutzen verbunden, der sich auf dem Zwischenboden in der Mitte desselben befindet. In die Zweigleitungen sind Hähne eingebaut, die von aufsen geöffnet oder geschlossen werden können. Zum Pichen von Lagerfässern werden die seitlichen Injektoren nach Abschrauben der Spritzköpfe mit Kapseln verschlossen. Auf den mittleren Stutzen wird ein gröfseres, mit besonderem Spritzkopf versehenes Spritzrohr aufgeschraubt, das drehbar ist und beim Pichen rotiert. Die aufrechtstehenden Luftleitungen werden durch solche ersetzt, die unmittelbar über dem Deckel der Maschine seitlich zugeführt werden. Die Steuerung der Druckluft geschieht mittels zweier Hähne, die den beiden in der Figur mit *UU* bezeichneten Hähnen entsprechen. Dieselben werden durch Schubstanzen mit den zugehörigen Pechhähnen in der Maschine verbunden, welche die Verbindung zwischen den Kammern und dem zentralen Spritzrohr herstellen bzw. absperren, und zwar derart, daſs Lufthahn und Pechhahn sich gleichzeitig öffnen oder schlieſsen müssen. Die Bedienung der Hähne geschieht von einem seitlich neben der Maschine auf besonderem Fundament montierten Ständer aus, an welchem sich die Steuerhebel befinden, die den Hebeln entsprechen, welche in der Figur mit *EE* bezeichnet sind. Diese Steuerhebel werden durch ein Gestänge mit den Hähnen verbunden. Durch abwechselnde Betätigung des einen oder andern Hahnsystems wird auch abwechselnd der Inhalt der einen oder andern Kammer durch das Spritzrohr in das Faſs getrieben, während jeweils die gerade nicht in Tätigkeit befindliche Kammer sich von neuem mit Pech füllt. Das Einspritzen kann auf diese Weise beliebig lange fortgesetzt werden.

Die zu pichenden Lagerfässer werden mittels Flaschenzug und Laufkatze über der Mitte der Maschine aufgehängt (nicht auf diese aufgelegt), und zwar so, daſs das Spritzrohr etwa 10 cm weit in das Faſs durch dessen Spundloch hineinragt. Während des Pichens ist das Faſs bis auf das Zapfloch im Türchen geschlossen zu halten.

Im übrigen ist bei dieser Maschine die ganze Arbeitsweise die gleiche wie bei der Maschine für Transportfässer. Auch sind bei Beginn und bei Beendigung der Arbeit dieselben Vorsichtsmaſsregeln zu beachten, wie sie oben beschrieben wurden.

Neubeckers Entpich- und Pichapparat D. R. P.

Der Pichapparat von C. A. Neubecker, Maschinenfabrik für Bierbrauereieinrichtungen in Offenbach a./M., ist im Prinzip dem amerikanischen Pichapparat System Rauch ähnlich, weicht aber in den konstruktiven Einzelheiten sehr wesentlich von diesem ab. Besonderes Gewicht hat Neubecker darauf gelegt, durch Anbringung automatischer Sicherungen falsche Hantierungen beim Pichen unmöglich zu machen und die Arbeiter vor Verbrennung durch heiſses Pech zu schützen, wie das aus der Beschreibung im einzelnen ersichtlich wird.

Der Apparat, Fig. 18, besteht aus einem rechteckigen Pechkessel *A*, der mit seinem flachen Rande auf dem Mauerwerk einer Feuerung ruht und von unten zu beheizen ist. Auf dem Kessel liegt ein eiserner Deckel, der an seiner Unterseite die beiden zylindrischen Druckgefäſse *BB* trägt, welche in das geschmolzene Pech eintauchen und so dimensioniert sind, daſs sie nur einen mäſsigen Teil des Kesselinhaltes in Anspruch nehmen. Unten sind dieselben mit Kugelventilen *CC* versehen, die sich nach oben öffnen und das flüssige Pech in die Gefäſse eintreten lassen. Um Verunreinigungen zurückzuhalten, sind unter den Ventilen Siebe angebracht. Die beiden seitlichen Öffnungen *EE*, die sich in geringer Höhe über dem Boden der Gefäſse befinden und mit den Spritzrohren *FF* verbunden sind, lassen das

Pech durch die Spritzdüsen entweichen, sobald Druckluft in die Gefäfse eingelassen wird. Die beiden Öffnungen *DD* im Deckel sind mittels der Knieröhren *GG* und der Dreiweghähne *HH* an die Druckluftleitung *M* angeschlossen, die sich im dem T-Stück *L* nach den beiden Hähnen verzweigt. Diese Hähne werden mittels der beiden Hebel *JJ* gesteuert. Steht der

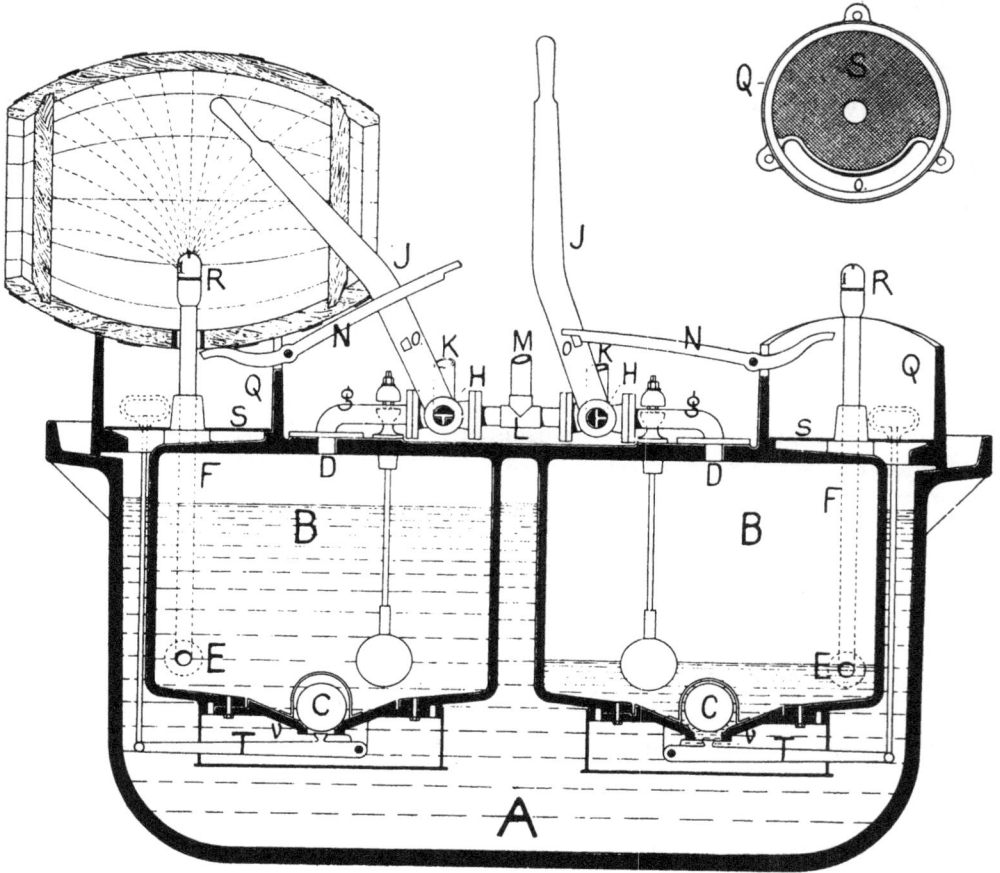

Fig. 18.

Hebel *J* aufrecht, so vermittelt die seitliche Bohrung des Hahnes die Verbindung des Druckgefäfses mit dem ins Freie bzw. in das Abzugsrohr für die Pechdämpfe führenden Rohr *K*, während anderseits die Druckluft abgesperrt ist. Es kann dann die Luft aus dem Gefäfs *B* entweichen und das Pech von unten durch das sich öffnende Ventil *C* eintreten. Wird der Hebel *J* niedergelegt, so wird das ins Freie führende Rohr *K* abgesperrt und die durchgehende Bohrung des Hahnes vermittelt die Verbindung zwischen der Druckluftleitung *M* und dem Gefäfs *B*. Die Druckluft tritt dann durch die Öffnung *D* in das Gefäfs *B* ein, Ventil *C* schliefst sich, und das flüssige Pech wird durch das Spritzrohr F in das aufgelegte Faſs gespritzt. Dabei rotiert durch die Reaktion des ausströmenden Peches die Düse R, welche drehbar auf das feststehende Spritzrohr aufgesetzt ist, und das Pech wird gleichmäſsig nach allen Seiten in das Faſs geschleudert. Zum Auflegen der Fässer dienen die runden Lagerböcke QQ, die an den beiden Seiten des Deckels aufgesetzt sind und in deren Mitte das Spritz-rohr steht. Aus dem Lagerbock führt eine Öffnung in den Pechkessel, welche dazu dient, das aus dem Faſs ablaufende überschüssig eingespritzte Pech in den Kessel zurückzuführen. Um etwaige Verunreinigungen zurück-zuhalten, sind die Siebtafeln SS in die Lagerböcke eingelegt. Auſserdem führen besondere, nicht durch Siebe verdeckte Kanäle O aus den Lagerböcken in den Pechkessel hinab, der seinerseits an einen in der Zeichnung nicht sichtbaren Abzugskanal angeschlossen ist, welcher dazu dient, die Pech-dämpfe abzuführen.

Um beim Abheben des Deckels von der Maschine die Druckgefäſse BB völlig entleeren zu können, sind an den Ventilsitzen VV der Ventile CC die einarmigen Hebel TT angebracht, welche mittels der durch den Deckel gehenden Zugstangen in die Höhe gezogen werden können und dann die Ventilkugeln heben, also die Ventile zwangläufig öffnen, so daſs das Pech auslaufen kann.

Es bleibt noch übrig, die Sicherheitsvorrichtungen zu beschreiben.

Um zu erkennen, wann der Pechinhalt eines Druckbehälters ausge-spritzt ist und die Druckluft abgesperrt werden muſs, ist in jedem Behälter ein Schwimmer angebracht, welcher durch sein Eigengewicht an einer Stange zieht, sobald das Pech im Behälter seinen niedrigst zulässigen Stand erreicht hat. Dadurch wird das Luftventil einer Pfeife geöffnet, deren Pfiff den Arbeiter darauf aufmerksam macht, daſs er den betreffenden Hebel J wieder in seine aufrechte Stellung zurückzudrehen hat.

Ferner sind an den Faſslagerböcken die ungleicharmigen Hebel NN angebracht, die sich mit ihrer Rast am langen Ende auf die Knacken OO der Hebel JJ auflegen und diese festhalten, also das Aufdrehen der Druck-lufthähne HH verhindern, solange kein Faſs aufliegt. Wird ein Faſs auf das Faſslager gelegt, so drückt dasselbe den kurzen Arm des Hebels N ab-wärts, der lange Arm desselben hebt sich von der Knacke O ab und gibt den Hebel J frei, so daſs derselbe umgelegt werden kann und die Druck-luft das Pech aus dem Gefäſs B durch die Düse in das Faſs treibt. Der niedergelegte Hebel J liegt dann vor dem zu pichenden Faſs und hindert so den Arbeiter, das Faſs vom Lager herunterzunehmen, so lange das Pech aus der Düse spritzt, denn Hebel J ist ihm dabei im Wege. Derselbe muſs erst wieder in seine aufrechte Stellung gebracht werden, wodurch der Pech-strahl unterbrochen wird. Erst dann ist der Platz zum Wegnehmen des Fasses frei.

Durch diese Einrichtungen, die übrigens zum Teil auch in etwas anderer Form ausgeführt werden, soll ein Ausspritzen von Pech verhütet werden, wenn kein Faſs aufliegt, so daſs der Arbeiter vor Verbrennung durch heiſses Pech geschützt wird.

Zur Inbetriebsetzung der Maschine wird zunächst das Pech im Kessel geschmolzen und bis auf etwa 200° C erhitzt, dann wird der an einem Flaschenzug hängende Deckel niedergelassen, bis er auf dem Rande des Kessels aufliegt. Dabei füllen sich die Druckgefäſse durch die sich öffnenden Ventile CC mit Pech, während die Luft durch die Dreiweghähne HH und die Röhren KK entweicht. Die Maschine ist dann betriebsbereit. Sind die Fässer auf die Lagerböcke aufgelegt, so daſs die Düsen durch die Spundlöcher in das Innere der Fässer hineinreichen, so wird zunächst der eine der beiden Hebel JJ niedergelegt und dadurch der Inhalt des entsprechenden Druckgefäſses in das eine Faſs gespritzt, bis das Ertönen der Pfeife die Entleerung des Druckgefäſses anzeigt. Der niedergelegte Hebel J wird dann in seine aufrechte Stellung zurückgedreht und der zweite Hebel J niedergelegt, worauf die Pichung des zweiten Fasses erfolgt. Inzwischen wird das erste Faſs abgehoben und durch ein anderes ersetzt und so fort. Nach kurzem Rollen werden die Fässer mit kalter Luft ausgeblasen und sind dann fertig gepicht.

Sollen Lagerfässer gepicht werden, so wird hierzu nur die eine Düse benutzt, während die andere durch eine Verschraubung geschlossen wird. Die beiden Hebel JJ werden abgenommen und durch kurze Hebel ersetzt, die mittels einer Schubstange so verbunden sind, daſs sich beim Öffnen des einen Hahnes der andere schlieſsen muſs und umgekehrt. Die Bedienung der Hähne geschieht durch eine etwa 2 m lange Welle, welche einerseits mit einem der Hähne verbunden wird und anderseits einen Hebel trägt, mit welchem der Arbeiter die Welle drehen und damit die Hähne nach der einen oder anderen Seite öffnen kann. Bei dieser Einrichtung ist, wie ersichtlich, immer einer der beiden Hähne HH geöffnet. Es muſs deshalb in die Luftleitung noch ein Hauptventil eingeschaltet sein, so daſs die Luft völlig abgesperrt werden kann. Die beiden Düsenröhren sind bei dieser Maschine, die zum Pichen von Transport- und Lagerfässern dient, durch ein Rohr miteinander verbunden unter Zwischenschaltung eines Dreiweghahnes, der durch einen Hebel mit den Lufthähnen verbunden ist, so daſs er gleichzeitig mit den Lufthähnen gesteuert wird. Die Einrichtung ist so getroffen, daſs der Pechhahn beim Lagerfaſspichen jeweils das unter Druck gesetzte Druckgefäſs mit der benutzten Düse verbindet und das andere abschlieſst. Beim Pichen von Transportfässern verschlieſst der Pechhahn einfach die Verbindungsleitung zwischen den beiden Düsenrohren.

Das zu pichende Lagerfaſs wird mittels eines Hebezeuges (Flaschenzug und Laufkatze) über der Maschine aufgehängt und so weit herabgelassen, daſs die Spritzdüse durch das Spundloch in das Faſs hineinragt, daſs dieses aber nicht auf dem Deckel aufliegt. Durch Öffnen des Hauptventils in der Luftleitung wird der Pechinhalt des Druckgefäßes, dessen Dreiweghahn geöffnet ist, in das Faß gespritzt, bis die Signalpfeife ertönt. Dann wird der Steuerhebel umgelegt, worauf der Inhalt des zweiten Druckgefäßes in das Faß getrieben wird, während sich das erste wieder füllt. Sobald die Signalpfeife die Entleerung des zweiten Gefäßes anzeigt, wird wieder umgesteuert, so daß das erste wieder in Tätigkeit tritt, und so fort, bis das Faß gründlich entpicht und mit neuer Pechschicht versehen ist. Dann wird das Hauptventil in der Luftleitung geschlossen, das Faß abgehoben, kurze Zeit gerollt und mit kalter Luft ausgeblasen. Inzwischen kann ein anderes Faß zum Pichen über die Maschine gebracht werden. Während des Pichens ist das Faß geschlossen, nur ist in das Zapfloch des Türchens ein kurzes Bogenrohr eingeschraubt, durch welches die Luft und die Pechdämpfe aus dem Faß entweichen können.

Ist die Picharbeit beendet, so wird nach Abschrauben des Luftschlauches und Entfernung des Anschlusses an den Abzugskanal der Deckel der Maschine mittels des Flaschenzuges hochgezogen, wobei mit den Ventilhebeln *TT* zeitweise die Ventile *CC* geöffnet werden, so daß sich die Druckgefäße entleeren können. Es werden dann in den Kessel zwei ziemlich weite eiserne Röhren schräg hineingestellt, worauf die Maschine bis zum nächsten Gebrauch stehen bleibt.

Vor der Wiederinbetriebnahme werden zunächst die Röhren aus dem erstarrten Pech herausgezogen, so daß im Pech große Löcher entstehen, die beim Anheizen des Kessels die am Kesselboden entstehenden Gase bzw. Pechdämpfe entweichen lassen.

Nach längerem Gebrauch muß natürlich der Kessel gereinigt werden, wie das bei jedem Pechkessel nötig ist.

Picherei-Einrichtung von W^m. Arnemann, Hamburg.

Die Firma W^m. Arnemann geht von dem Grundsatze aus, daß es zur Erzielung eines guten Pechüberzuges notwendig ist, das Entpichen und Pichen der Fässer in zwei voneinander völlig getrennten Operationen vorzunehmen, nicht in einer Operation, wie das in der Regel beim Einspritzverfahren geschieht. Dementsprechend wird von ihr empfohlen, das Entpichen der Fässer zunächst durch Einblasen heißer Luft bzw. von Verbrennungsgasen aus einem Koksofen vorzunehmen und erst danach, im unmittelbaren Anschluß hieran, die Fässer neu zu bepichen. Letzteres soll entweder durch Eingießen von heißem Pech und darauffolgendes Stürzen (Schwenken) und Rollen der Fässer geschehen, oder bei Transportfässern durch Einspritzen von Pech mittels eines besonderen, der genannten Firma patentierten Pechspritzapparates.

Die Arnemannsche Einrichtung zerfällt also in zwei Apparatgruppen, die Heißluft-Entpichmaschine, die auf S. 17 abgebildet und

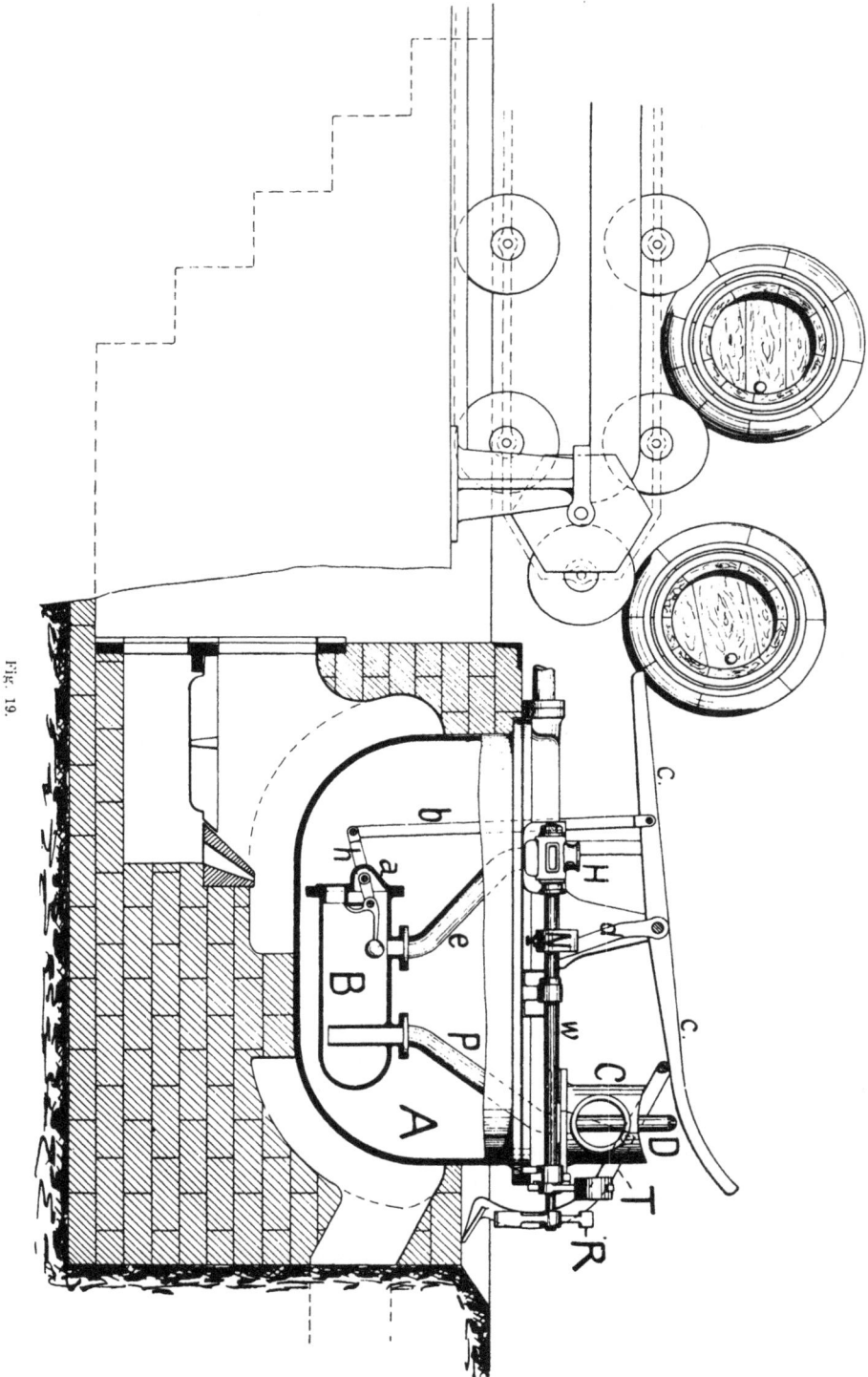

Fig. 19.

beschrieben wurde, und die Pech-Einspritzmaschine, Fig. 19, die im folgenden beschrieben werden soll.

Der Patentpechspritzapparat von W. Arnemann ist ein mit Druckluft betriebener Einspritzapparat. Er dient, wie schon angedeutet wurde, nicht zum Entpichen, sondern ausschließlich zum Pichen, und zwar nur von kleinen Gebinden (Transportfässern). Dementsprechend sind auch die Dimensionen des Apparates gewählt. Auch bei dieser Konstruktion ist besonderes Gewicht darauf gelegt worden, den Arbeiter vor Verbrennungen durch heißes Pech zu schützen. Besondere Sicherheitsvorrichtungen verhindern, daß der Apparat in Tätigkeit gesetzt wird, solange kein Faß über der Spritzdüse liegt.

·Wie aus der Zeichnung ersichtlich ist, besteht der Apparat aus einem kupfernen Pechkessel A, der in eine Feuerung eingebaut und mit einem eisernen Deckel versehen ist. Dieser Deckel trägt unten das Druckgefäß B und oben seitlich über einer Öffnung den Faßlagerbock C, der mit Qualmabzug versehen ist und in dessen Mitte sich die aufrecht stehende Spritzdüse D befindet. Das Druckgefäß ist ein nahe am Kesselboden liegender Zylinder aus Bronze, an der einen Seite mit kugeligem Boden, an der anderen Seite mit aufgeschraubtem Deckel versehen. In letzterem befindet sich hinter einem Sieb die durch einen Schieber verschließbare Eintrittsöffnung für das Pech. Der Schieber wird durch Vermittelung der auf der Achse a befestigten Hebel h mittels der Zugstange b gesteuert, welche ihrerseits an die Hebelvorrichtung c angeschlossen ist. In das Druckgefäß mündet oben das Druckluftrohr e, während aus demselben das Pechrohr P nach der Spritzdüse führt. Die Druckluft wird seitlich in die Maschine eingeführt und zunächst zu dem außenliegenden Dreiweghahn H geleitet, von welchem sie bei entsprechender Hahnstellung durch Rohr e nach dem Druckgefäß gelangen kann. Der Dreiweghahn wird durch die Welle w gesteuert, die mit einem Regulierhebel R versehen ist. In Ruhestellung sperrt der Hahn die Druckluft ab und verbindet Rohr e mit einer ins Freie führenden Hahnöffnung, so daß die Luft aus dem Druckgefäß entweichen und Pech in dasselbe eindringen kann. Wird dann der Schieber im Druckgefäß geschlossen und der Hahn aufgedreht, so schließt sich zunächst die ins Freie führende Hahnöffnung, dann erst kann die Druckluft durch das Rohr e in das Druckgefäß einströmen und das Pech aus demselben durch die Düse in das aufgelegte Faß treiben.

Der Lufthahn kann nur dann geöffnet werden, wenn die Hebelvorrichtung c an der Seite des Faßlagerbockes niedergedrückt und somit die Zugstange b hochgezogen, also der Schieber im Druckgefäß geschlossen ist. Zu dem Zweck ist auf der Steuerwelle des Hahnes der Nocken N aufgesetzt, der gegen einen mit Hebel c fest verbundenen Winkelhebel d stößt, so daß die Welle nicht gedreht werden kann. Wird der Hebel c bei der Düse niedergedrückt, so gibt der Winkelhebel d den Nocken N frei und der Hahn kann geöffnet werden. Solange der Hahn geöffnet ist, kann die Hebelvorrichtung c und d nicht in die Ruhelage zurück, da jetzt der Nocken N die Bewegung des Winkelhebels d verhindert. Erst wenn der Hahn geschlossen ist, kann die Hebelvorrichtung c mittels des Tritthebels T bei der Düse wieder gehoben werden.

Damit nun die Bewegung der Hebelvorrichtung c, von welcher, wie ersichtlich, die Steuerung der ganzen Maschine abhängig ist, mit dem Auflegen und Abnehmen der Fässer automatisch geschieht, ist der Hebel c als Rollbahn für die Fässer ausgebildet. Wird auf dieser Rollbahn ein Faſs zur Düse gerollt und über dieselbe gelegt, so wird c an der Seite der Düse niedergedrückt und der Lufthahn kann geöffnet werden. Wird nach dem Schlieſsen des Hahnes die Rollbahn c durch den Tritthebel T an der Düsenseite wieder gehoben, so rollt das fertige Faſs von der Rollbahn ab und der Hahn ist wieder gesichert. Durch diese Einrichtung ist der Betrieb der Maschine, soweit möglich, automatisch gemacht, und der Arbeiter vor verderblichen Versehen geschützt.

Der Betrieb der Maschine gestaltet sich folgendermaſsen:

Nachdem das Pech im Kessel geschmolzen und auf die richtige Temperatur gebracht ist, wird ein Faſs, das eben mit heiſser Luft entpicht worden ist, auf die durch den Tritthebel hochgehaltene Rollbahn der Maschine gelegt und auf dieser zur Düse gerollt. Sobald es zurechtgelegt ist, so daſs sich das Spundloch über der Düse befindet, wird es auf das Faſslager niedergelassen, worauf der Lufthahn aufgedreht und der Pechinhalt des Druckgefäſses in das Faſs gespritzt wird. Dann wird der Hahn geschlossen und das Faſs durch den Tritthebel von der Düse abgehoben, worauf es von der Maschine abrollt, so daſs sofort ein neues Faſs aufgelegt werden kann.

Während des Betriebes ist die Pechtemperatur zu kontrollieren, was mittels eines am Deckel der Maschine angebrachten Pechthermometers geschieht. Nach längerem Gebrauch muſs natürlich der Kessel gereinigt werden. Dazu sind im Deckel zwei Putzöffnungen angebracht, die während des Betriebes durch Deckel geschlossen gehalten werden.

Zu erwähnen ist schlieſslich noch, daſs zum Pichapparat noch eine automatische Faſsrollvorrichtung gehört, auf welche die gepichten Fässer selbsttätig aufrollen, und von welcher sie nach einiger Zeit selbsttätig wieder abrollen.

IV. Die Explosionsgefahr beim Faſspichen und die Mittel zu deren Verhütung.

Wie schon aus der Einteilung des vorhergehenden Abschnittes ersichtlich ist, lassen sich die gebräuchlichen Pichverfahren und Apparate in Gruppen zusammenfassen, die sich im Prinzip wesentlich voneinander unterscheiden und daher auch hier getrennt zu behandeln sind. Diese Gruppen sind die folgenden:

A. Das Handpichen ohne Apparate.
B. Das Aufbrennen mit Pichapparaten.
C. Das Entpichen mit heiſser Luft.
D. Das Entpichen mit überhitztem Dampf.
E. Das Pichen durch flüssiges Pech mit Einspritzapparaten.

Die erste der hier aufgezählten Methoden, das früher allgemein übliche Handpichen ohne Apparate, wird zwar in neuerer Zeit immer mehr durch die modernen Pichverfahren verdrängt, doch ist dasselbe mancherlei Orts auch jetzt noch im Gebrauch und möge deshalb als älteste Methode in erster Linie besprochen werden.

A. Das Handpichen ohne Apparate.

Hier sind zunächst zwei durchaus verschiedene Arbeitsweisen zu unterscheiden, nämlich:

1. Das Aufbrennen der aufgeschlagenen Fässer,
2. das sog. »Türchenpichen«.

Bei der ersten dieser beiden Methoden geschieht bekanntlich das Aufbrennen der Lagerfässer — um solche handelt es sich dabei fast ausschließlich — bei herausgenommenem und schräg vor die Öffnung gehaltenem Boden, wie das im Eingang des vorigen Abschnittes genauer beschrieben ist.

Eine direkte Explosionsgefahr ist mit dieser Operation nicht verbunden, da anfänglich die weite Mündung des Fasses nur lose und teilweise verschlossen ist und die Ansammlung explosiver Mischungen durch die Gegenwart eines Feuers, welches den ganzen Raum des Fasses erfüllt, unmöglich gemacht wird. Nur bei Unregelmäſsigkeiten im Verlauf der Arbeit können Umstände eintreten, die Gefahren mit sich bringen. Ein solcher Fall kann z. B. eintreten, wenn das Feuer erlischt, bevor das Faſs fertig entpicht ist. Wollte man dann unmittelbar darauf das Pech im Fasse wieder entzünden,

ohne vorher gelüftet zu haben, so würde jedenfalls eine Verpuffung eintreten, die unter Umständen heftig genug werden kann, um Unheil anzu-
richten. Es ist das leicht verständlich, wenn man bedenkt, daß das heiße
Pech auch nach dem Erlöschen des Feuers noch reichlich Dämpfe entwickelt, die sich mit der eintretenden Luft mischen und so explosive
Gemenge ergeben können. Erfolgt dann die Entzündung des Peches, so
verbrennt auch das darüber befindliche Gemenge von Pechdämpfen und
Luft unter mehr oder minder heftiger Verpuffung. Daraus folgt ohne
weiteres, daß bei vorzeitigem Erlöschen des Feuers im Faß dasselbe erst dann wieder entzündet werden darf, nachdem die
Pechdämpfe durch längeres Offenstehenlassen des Fasses
vollständig aus demselben abgezogen sind.

Ist das Faß fertig gepicht, gestürzt und gerollt, so ist dasselbe gefüllt
mit einer je nach Umständen sehr wechselnden Mischung von Pechdämpfen,
Verbrennungsgasen und atmosphärischer Luft. Letztere ist nach dem Ersticken
des Feuers beim Ausqualmenlassen des Fasses in reichlicher Menge in dasselbe eingedrungen. Pechdämpfe haben sich offenbar auch nach dem Ein-
setzen des Bodens noch aus dem heißen Pech entwickelt, wie an dem ziemlich
starken Druck im Faß erkannt werden kann, der sich beim Öffnen des
Spundes bemerklich macht. Ob dieses Pechdampf-Luft-Gemenge explosions-
fähig ist oder nicht, hängt vom Zufall ab. Es ist zweifellos ungefährlich,
solange die Möglichkeit einer Entzündung ausgeschlossen ist. Eine Gefahr
wird nur dann vorhanden sein, wenn kurze Zeit nach dem Öffnen des
Spundes zum Ausbrennen des Spundloches, ein glühendes Eisen in das
Spundloch gesteckt wird. Es wird alsdann eine Explosion oder Verpuffung
erfolgen können, wenn zufälligerweise die im Innern befindliche Mischung
von Pechdämpfen und Luft die richtige Zusammensetzung besitzt. Da man
dieses Zufalls nie Herr ist, so ist es notwendig, jede Möglichkeit der Entzündung so lange auszuschließen, bis das Faß völlig erkaltet ist und die
Gase und Pechdämpfe durch längeres Stehen an der Luft bzw. Lüften entfernt worden sind. Ein Ausbrennen des Spundlochs kurze Zeit
nach dem Öffnen des Spundes kann Explosion herbeiführen.

Wesentlich gefährlicher als das vorstehend besprochene Pichverfahren ist
das Türchenpichen ohne Apparate.

Dasselbe wird, wie im vorigen Abschnitt beschrieben, in der Weise
ausgeführt, daß durch das Türchen des zurechtgelegten Fasses heißes Pech
eingegossen und dieses sofort mittels einer glühenden Eisenstange entzündet wird. Es ist dann das einmal entzündete Feuer im Faß ohne
Unterbrechung dauernd zu unterhalten, bis die Entpichung vollendet ist
und das Faß geschlossen, gerollt und gestürzt werden kann. Die dauernde
Unterhaltung des Feuers bietet hier nennenswerte Schwierigkeiten, da sowohl der Zutritt der Luft zur Flamme, als auch der Abzug der entstehenden Verbrennungsprodukte durch ein und dieselbe Öffnung, nämlich das

hierfür ziemlich enge Türchen, stattfinden muß. Der einziehende Luftstrom und der abziehende Strom der Verbrennungsgase sind entgegengesetzt gerichtet, und es ist daher nicht zu vermeiden, daß sie sich gegenseitig stören. Bald gewinnt die eintretende Luft die Oberhand und facht das Feuer im Faß zu großer Flamme an, bald überwiegt der Austritt des Qualmes, und die Flamme wird mehr oder minder erstickt. Erlischt sie ganz, so muß der Picher das Feuer s o f o r t wieder mit einem stets bereit gehaltenen glühenden Eisen entzünden. Jeder Verzug bringt Gefahren mit sich. Aber auch der normale Verlauf dieser Pichmethode birgt Explosionsgefahren in sich, wie schon daraus zu ersehen ist, daß oft, scheinbar ohne jeden besonderen Anlaß, lange Flammen, häufig bis zu 6 oder 8 m Länge, unter Heulen und Pfeifen zum Türchen herausschlagen.

Die Ursache solcher Verpuffungen, die sich jeden Augenblick zu gefährlichen Explosionen steigern können, soll im folgenden erläutert werden.

E i n b r i n g e n   d e s   P e c h e s.   Wie bereits mitgeteilt, entwickelt das Pech schon unter 200° entzündliche Dämpfe und Gase; bei höherer Temperatur bis 300° und darüber wird diese Gasentwicklung lebhafter. Wird nun überhitztes Pech in ein mit Luft gefülltes Faß eingegossen, so wird die Gasentwicklung auch nach dem Einbringen in das Faß noch fortdauern, und schon nach kurzer Zeit wird sich über dem flüssigen Pech im Faß eine Mischung von Pechdämpfen mit Luft bilden, welche explosive Eigenschaften besitzt. Nähert man nun dem flüssigen Pech ein glühendes Eisen, um dasselbe zu entzünden, so wird · sofort das über demselben lagernde Gemenge von Pechdämpfen und Luft entflammt werden und zu einer Verpuffung oder Explosion Veranlassung geben. Die Heftigkeit dieser Verpuffung wird abhängig sein von der Menge der mit der Luft gemischten Pechdämpfe, also zunehmen mit dem Grad der Überhitzung des Peches und mit der Zeit, welche vom Einbringen des Peches in das Faß bis zur Entzündung verstreicht. Die Zeit, welche ausreicht, um ein explosibles Gemenge zu bilden, kann unter Umständen eine ziemlich kurze sein, wie leicht ersichtlich ist, wenn man bedenkt, daß das Eingießen des flüssigen Peches selbst, bei großen Fässern mehrere Pfannen voll, eine gewisse Zeit erfordert, und daß schon eine Beimengung von ca. 3 % Pechdämpfen die Luft im Innern des Fasses explosiv macht. So wird man es erklärlich finden, daß selbst bei anscheinend ganz gleichmäßiger Handhabung des Verfahrens plötzlich Explosionen auftreten können, während vorher nichts Derartiges beobachtet worden war. Auch die Menge des eingegossenen heißen Peches — gleiche Temperatur vorausgesetzt — wird nicht gleichgültig sein, denn erstens wird die Menge der entwickelten Gase der Menge des eingegossenen Peches entsprechen, und zweitens nimmt die zum Eingießen erforderliche Zeit ebenfalls mit der Pechmenge zu. Beide Umstände wirken also im gleichen Sinne auf die Entstehung explosibler Gasmischungen hin.

Aus den angegebenen Gründen wird man eine Überhitzung des Peches zu vermeiden haben. Da die sämtlichen Pechsorten, soweit uns bekannt, bis 150° vollkommen dünnflüssig sind und die Gasentwicklung erst über 250° anfängt lebhafter zu werden, so wird die letztere Temperatur als die ungefähre Grenze zu betrachten sein, die nicht überschritten werden soll. Bei höherem Erhitzen wächst die Gefahr, daß Explosionen eintreten können, wenn nicht sofort Entzündung erfolgt. Eine allzu niedrige Temperatur des Peches wird den Nachteil haben, daß dasselbe schwer entzündlich ist und schlecht und langsam fortbrennt.

Aus dem Gesagten gehen folgende Regeln, welche beim Einbringen des Peches in das Faß zu beobachten sind, hervor:

1. Beim Pichen von Hand darf das Pech nicht überhitzt sein.

2. Dasselbe muß unmittelbar nach dem Einbringen entzündet werden.

3. Es sind nur kleine Mengen Pech, ca. 1 l auf je 10 hl Faßinhalt, einzugießen und sofort zu entzünden.

Werden diese Regeln beobachtet, so kann beim Einbringen und Entzünden des Peches eine Explosion nicht eintreten. Diese Regeln werden leider nach den bekannt gewordenen Vorkommnissen sehr häufig übertreten und sind die Ursache schwerer Unglücksfälle.

Es ist hier noch ein Umstand zu erwähnen, welcher — soviel sich erkennen läßt — ebenfalls häufig zur Übertretung der oben aufgestellten Regel führt: es ist das Pichen nasser Fässer. Sind die Fässer feucht oder naß, so brennt das Pech schlecht an und schlecht fort; der Picher sucht sich dadurch zu helfen, daß er das Pech heißer macht und größere Mengen Pech eingießt, die sich weniger rasch abkühlen und leichter fortbrennen. Dadurch übertritt er alle drei oben gegebenen Regeln zu gleicher Zeit und setzt sich der Explosionsgefahr aus. Treten dann Unglücksfälle ein, so war die erste Veranlassung dazu allerdings die Feuchtigkeit der Fässer und man hat häufig diese als Explosionsursache bezeichnet, während das Wasser in der Tat nur in dem eben angeführten Sinne zu einer Explosion Veranlassung geben, unmittelbar aber unter den gegebenen Umständen daran keinen Teil haben kann. Die Bildung von Knallgas durch die Zersetzung des Wassers ist beim Pichen vollständig ausgeschlossen, ebenso ist die mit dem heißen Pech in das Faß kommende Wärme viel zu gering, als daß eine irgend erhebliche Dampfmenge auftreten könnte, welche genügend wäre um das Faß zu zersprengen. Die Gegenwart von Feuchtigkeit kann demnach nur indirekt zu Explosionen Veranlassung geben; immerhin ist aus obigem Grund und aus den weiter unten noch zu besprechenden Umständen die Beobachtung der folgenden Regel zu empfehlen.

4. Die zum Pichen kommenden Fässer sollen trocken sein.

Das Pichen des Fasses. Ist das Pech entzündet, so muß dasselbe im Brand erhalten werden; auf die Schwierigkeiten, welche dabei auftreten, ist schon oben hingewiesen worden. Solange Feuer im Faß ist, ist jede Explosionsgefahr ausgeschlossen, da eine Ansammlung größerer Mengen explosibler Gasgemische nicht möglich ist. Wohl aber können, wie die Erfahrung zeigt, mehr oder weniger starke Verpuffungen eintreten, welche durch schlechte Ventilation veranlaßt sind. Ist nämlich das Feuer bzw. das Pech in lebhaftem Brennen, so steigt die Temperatur im Innern des Fasses, die Verbrennungsprodukte, welche durch das Spundloch nur zum kleinen Teil abziehen können, suchen durch das Türchen einen Ausweg und drängen die Luft zurück. Dadurch entsteht Mangel an Sauerstoff, die Pechflamme wird schlecht genährt, es entwickeln sich Dämpfe, die keine Luft zur Verbrennung finden und sich im Raum verbreiten; infolge der schwächeren Verbrennung sinkt die Temperatur, das Austreten des Qualmes aus dem Türchen läßt nach und es stürzt plötzlich eine große Menge Luft durch die Türchenöffnung in das Faß, mischt sich mit den im Innern verteilten Pechdämpfen, und diese Mischung entzündet sich an der Flamme unter Verpuffung. Eine zum Türchen herausschlagende Flamme ist die Folge dieser Vorkommnisse. Das gleiche Spiel zwischen Luftmangel und Luftüberschuß wiederholt sich beliebig, ohne daß ernstere Gefahr vorhanden wäre, solange noch Feuer im Fasse ist, welches die Ansammlung größerer Mengen von Explosionsgemisch verhindert, indem es dasselbe sofort aufzehrt, wenn es sich beim Eintritt von Luft bildet.

Verlischt die Flamme, so sind alle Momente gegeben, um im Innern ein Explosionsgemisch zu bilden. Das heiße Pech entwickelt lebhaft entzündliche Gase, dabei wird nach dem Erlöschen der Flamme die Temperatur im Faß geringer, und es tritt, befördert durch den Rauchabzug durch die Spundöffnung, Luft ins Innere ein; in kürzester Zeit hat sich das ganze Faß mit einer gefährlichen Mischung erfüllt, welche beim Versuch, das Pech zu entzünden, unter heftiger Detonation verbrennt. Wenn demnach das Wiederanzünden des Feuers nicht unmittelbar nach dem Verlöschen erfolgt, ist jeder Versuch, den unterbrochen Pichprozeß weiter fortzusetzen und das Pech wieder zu entflammen, mit Gefahr verknüpft.

Die Gefahr kann demnach nur durch Beobachtung folgender Regel ausgeschlossen werden:

> 5. **Erlischt die Flamme im Faß, so ist das Entpichen desselben zu unterbrechen und erst dann wieder aufzunehmen, nachdem das Faß erkaltet und gelüftet ist.**

Bezüglich der im weiteren Verlaufe des Pichens vorkommenden Manipulationen ist bei der Schilderung des Handpichens (Seite 56) das Nötige mitgeteilt worden, und es mag genügen, das dort Gesagte in die Regel zusammenzufassen:

6. **Bei gepichten Fässern dürfen die Spundlöcher erst nach dem vollständigen Lüften derselben ausgebrannt werden.**

Die eben geschilderten Vorsichtsmaßregeln, welche speziell mit Bezug auf das Pichen von Lagerfässern ohne Apparate aufgestellt sind, finden mehr oder weniger alle auch auf das Pichen mit den sog. Pichmaschinen oder Pichapparaten Anwendung. Die letzteren suchen neben der Vergrößerung der Leistungsfähigkeit und Bequemlichkeit die beim Pichen auftretenden Gefahren mehr oder minder glücklich und sicher zu vermeiden.

B. Das Aufbrennen mit Pichapparaten.

Wie aus den vorstehenden Ausführungen über das »Türchenpichen« ersichtlich ist, ergeben sich beim Aufbrennen geschlossener Fässer hauptsächlich aus dem Grunde Schwierigkeiten und Gefahren, weil sowohl der Eintritt der zur Unterhaltung des Feuers im Faß erforderlichen Luft als auch der Austritt der entstehenden Verbrennungsprodukte durch eine und dieselbe Öffnung stattfinden muß und dabei Störungen nicht zu vermeiden sind. Diesen Übelstand sollen die Aufbrennapparate nach Möglichkeit beseitigen.

Dazu kann man zwei Wege einschlagen. Entweder führt man die zur Unterhaltung der Pechflamme erforderliche Luft mittels eines Gebläses oder Ventilators durch ein mit »Brenner« versehenes Rohr dem brennenden Pech zu und läßt die Verbrennungsgase und den Qualm beliebig abziehen, oder aber — und das ist der zweite Weg — man führt die Verbrennungsgase durch einen geeigneten Schlot ab und überläßt es der Schornsteinwirkung des Schlotes, die zur Verbrennung des Peches erforderliche Luft anzusaugen.

Daraus ergeben sich zwei verschiedene Kategorien von Aufbrennapparaten, nämlich:

1. Pichkolben und Feuerwagen mit Druckluftzuführung.
2. Aufbrennapparate mit Qualmschlot.

Apparate beider Kategorien sind zurzeit noch im Gebrauch und im III. Abschnitt dieser Arbeit beschrieben. Dort ist auch ihre Handhabung im einzelnen angegeben.

Wie beim »Türchenpichen«, handelt es sich auch hier um die Erzeugung und Unterhaltung einer Pechflamme im geschlossenen Faß, und alle Momente, welche dort zu Gefahren Veranlassung geben können, liegen auch hier vor, wenn auch durch die Apparate die Unregelmäßigkeiten im Brennen des Peches vermindert werden und die Arbeit dadurch erleichtert ist. Die Ursachen, welche zu einer Explosion führen können, sind hier wie dort die gleichen.

Es sind demnach alle die oben angeführten Regeln auch hier zu beachten. Das gilt namentlich von denjenigen Vorschriften, welche für das Eingießen und sofortige Entzünden des Peches gegeben wurden. Im übrigen verläuft der Prozeß des Pechabschmelzens ganz in der schon geschilderten Weise, und gibt derselbe zu besonderen Bemerkungen hier keinen Anlaß.

Beim Ersticken des Feuers ist namentlich darauf zu achten, daß jede Flamme oder Glut vollständig erlischt. Ist das nicht der Fall, so kann durch die im weiteren Verlauf der Operation eintretende Luft selbst ein geringer noch vorhandener Feuerkeim leicht angefacht und dadurch das im Faß vorhandene Gemenge von Pechdämpfen und Luft zur Explosion gebracht werden. Es ist deshalb durchaus notwendig, beim Ersticken des Feuers alle Öffnungen am Faß bzw. die Klappen und Schieber an den Ein- und Ausgangsröhren auf das sorgfältigste zu schließen. Dementsprechend müssen die Verschlüsse solide konstruiert sein. Auch ist vor einem vorzeitigen Öffnen derselben eindringlich zu warnen. Aus dem Gesagten folgt die weitere Regel:

7. Nach dem Entpichen des Fasses muß jede Glut und jedes Feuer in demselben vollkommen erstickt werden. Deshalb sind alle Ein- und Ausgangsöffnungen vollkommen dicht zu schließen und längere Zeit verschlossen zu halten.

C. Das Entpichen mit heißer Luft.

Wesentlich verschieden von dem bisher besprochenem Verfahren des Aufbrennens ist das Entpichen mittels der sog. Heißluftapparate. Hier wird die zum Abschmelzen des Peches erforderliche Hitze nicht im Faß durch ein offenes Feuer erzeugt, sondern vielmehr in einem besonderen geschlossenen Ofen, aus welchem dann die heißen Gase bzw. Verbrennungsprodukte durch Röhren in das Faß eingeführt werden, um dort das Abschmelzen des Peches zu besorgen. Die verschiedenen in diese Gruppe gehörigen Apparate, von denen einige der wichtigsten im vorhergehenden Abschnitt beschrieben worden sind, beruhen alle auf dem gleichen Prinzip. Sie unterscheiden sich nur in baulichen Einzelheiten, die für die vorliegende Frage zunächst ohne Belang sind und daher vorläufig unberücksichtigt bleiben können.

Bei der Betrachtung der Arbeitsweise dieser Maschinen hat man zweierlei zu unterscheiden:

1. die Vorgänge im Ofen bei der Erzeugung der heißen Luft,
2. die Vorgänge im Faß bei dem eigentlichen Entpichprozeß.

Beide sind ihrem Wesen nach durchaus verschieden und daher getrennt zu behandeln. Betrachten wir zunächst die

Vorgänge im Ofen.

Der Ofen ist bei allen hier in Rede stehenden »Heißluftapparaten« ein allseitig geschlossener Schachtofen mit Rost, in welchem sich eine mehr oder minder hohe Koksschicht befindet. Durch diese wird mittels eines Gebläses Luft hindurchgetrieben, und dafür entweichen oben die heißen Gase durch die hierfür bestimmten Öffnungen. Aber nicht heiße Luft liefert der Ofen, wie der Name der Apparate fälschlich besagt, sondern einen heißen Gasstrom, welcher aus der Luft beim Durchgange durch das glühende Brennmaterial entstanden ist. Dabei hat die Luft sehr wesentliche Veränderungen erlitten, die hier zunächst erörtert werden müssen.

Bekanntlich besteht die Luft aus Sauerstoff und Stickstoff, zwei Gasen, die im Äußeren völlig der Luft gleichen, in ihrem Verhalten aber außerordentlich verschieden sind. Während nämlich der Stickstoff, wie schon der Name sagt, den Verbrennungsprozeß nicht zu unterhalten vermag, kommt diese Fähigkeit dem Sauerstoff in hohem Maße zu. Nun ist in 1 Volumen Luft rund $\frac{4}{5}$ Volumen Stickstoff und $\frac{1}{5}$ Volumen Sauerstoff enthalten, und schon dieser Sauerstoffgehalt reicht aus, um auch der Luft die Fähigkeit zu erteilen, den Verbrennungsprozeß zu unterhalten. Dabei verhält sich der Stickstoff völlig indifferent. Er nimmt keinerlei Anteil an den Verbrennungsvorgängen und verläßt den Ofen so, wie er unten in denselben eingetreten ist. Der Sauerstoff dagegen erleidet mancherlei Veränderungen. In dem Verbrennungsprozeß vereinigt er sich mit den Bestandteilen des Brennstoffes, und aus dieser Vereinigung entstehen neue Produkte von völlig anderer Beschaffenheit.

Welcher Art nun diese Produkte sind, hängt wesentlich von den Umständen ab, unter welchen sie sich bilden, namentlich von der Zeit, während welcher die Luft mit dem glühenden Koks in Berührung ist. Je höher die Koksschicht ist und je langsamer die Luft durch dieselbe hindurchgeblasen wird, um so länger wird der Sauerstoff mit dem glühenden ·Koks in Berührung bleiben. Erhöhung der Koksschicht und Verminderung der Windgeschwindigkeit wirken also in dem gleichen Sinne und umgekehrt wie eine Erniedrigung der Koksschicht und Vermehrung der Windgeschwindigkeit. Beide Umstände können einander in ihrer Wirkung ersetzen, und man wird daher alle die hier in Betracht kommenden Verhältnisse auch bei gleichbleibender Koksschicht durch Veränderung der Windgeschwindigkeit allein herstellen können. Dadurch wird die Übersicht über die Vorgänge wesentlich vereinfacht.

Läßt man die Luft in sehr langsamem Strom in den Ofen treten, so wird der Sauerstoff derselben beim Durchgange durch den stark glühenden Koks so viel Kohlenstoff aufnehmen, als er überhaupt chemisch zu binden vermag. Es entsteht Kohlenoxydgas. Statt des Gemenges von Sauerstoff und Stickstoff, das unten in den Ofen als Luft eingeblasen wird, tritt oben ein Gemenge von Kohlenoxyd und Stickstoff aus. Dieses Gemenge wird im allgemeinen als »Generatorgas« bezeichnet. Es ist brennbar und wird in der Technik vielfach als Heizmaterial für technische Feuerungsanlagen erzeugt und verwendet. Seine Brennbarkeit verdankt es dem Gehalt an Kohlenoxydgas, das selbst ein brennbares Gas ist und angezündet eine schöne blaue Flamme liefert. Mit Luft in passendem Verhältnis gemischt, bildet sowohl das Kohlenoxydgas als auch das Generatorgas explosive Mischungen, die bei der Entzündung heftige Explosionen verursachen können.

Wird die Luft rascher durch die Koksschicht hindurchgeblasen, so ist ihr Sauerstoff kürzere Zeit mit dem glühenden Brennstoff in Berührung, und die am raschesten hindurchgehenden Anteile desselben werden weniger Kohlenstoff aufnehmen. Es entsteht daher weniger Kohlenoxyd, und dafür bildet sich eine gewisse Menge der kohlenstoffärmeren Kohlensäure, während der Stickstoff nach wie vor unverändert bleibt.

Je rascher die Luft durch den glühenden Koks geblasen wird, um so mehr Kohlensäure und um so weniger Kohlenoxyd wird gebildet. Da hierbei der brennbare Bestandteil, das Kohlenoxyd, mehr und mehr abnimmt, so wird auch die Entzündlichkeit des aus dem Ofen tretenden Gasstromes bei stärkerem Blasen abnehmen und schließlich ganz aufhören. Selbstverständlich wird dann das Gas auch nicht mehr imstande sein, mit Luft gemischt explosive Gemenge zu bilden.

Bei weiterer Steigerung der Windgeschwindigkeit wird schließlich die Bildung von Kohlenoxyd ganz aufhören, und endlich wird sich in dem austretenden Gasstrom neben der Kohlensäure und dem Stickstoff noch unveränderter Sauerstoff finden. Das wird namentlich dann eintreten, wenn die Koksschicht durch den Betrieb des Ofens allmählich niedriger geworden ist. Je nach der Windgeschwindigkeit und der Höhe der Brennschicht sind die Bestandteile des heißen, aus dem sog. Pichofen kommenden Gases im wesentlichen die in folgender Tabelle verzeichneten, in der die römischen Ziffern I bis IV die wachsenden Windgeschwindigkeiten bedeuten.

In den Ofen geblasene Luft	Aus dem Ofen tretende Gase			
	I.	II.	III.	IV.
Sauerstoff	Kohlenoxyd	Kohlensäure	Kohlensäure	Sauerstoff
—	—	Kohlenoxyd	—	Kohlensäure
Stickstoff	Stickstoff	Stickstoff	Stickstoff	Stickstoff

Von der Aufstellung bestimmter Zahlen für die Menge der einzelnen Bestandteile wurde im vorstehenden abgesehen, da je nach Umständen innerhalb gewisser Grenzen die allerverschiedensten Verhältnisse vorkommen können.

Wie aus den obigen Ausführungen hervorgeht, arbeitet der Pichofen völlig wie ein sog. »Gasgenerator«, und alle Regeln, welche für den Betrieb eines solchen gelten, müssen auch bei dem Pichofen beachtet werden.

Was zunächst das Anheizen betrifft, so wird der Deckel des Ofens erst dann geschlossen, wenn der ganze Koksinhalt in Glut gekommen ist. Um dieses zu beschleunigen, kann zunächst bei offenem Deckel mittels des Gebläses bzw. Ventilators Luft in mäſsig starkem Strom unter den Rost geblasen werden. Die aus der glühenden Koksschicht austretenden heiſsen Gase entzünden sich dann bei ihrem Austritt in die freie Luft vollständig gefahrlos und bilden eine blaſsblaue, wenig gefärbte Flamme. Wird dann bei offenen Düsen der Deckel des Ofens geschlossen, so erlischt hier die Flamme, und die Gase nehmen ihren Weg durch die Heiſsluftröhren zu den Düsen. Auf diesem Wege kühlen sie sich je nach der Länge und Beschaffenheit der Röhren und je nach der Strömungsgeschwindigkeit mehr oder weniger stark ab. Dabei werden die Leitungen immer heiſser und schlieſslich kommen die dünneren Teile derselben, das sind die Düsen, zum schwachen Glühen. Der Ofen ist dann in normalem Gange und zum Entpichen betriebsbereit.

Ehe wir nun dazu übergehen, die Vorgänge bei der Entpichung der Fässer selbst zu betrachten, sollen hier zunächst die Regeln für den Betrieb des Ofens angegeben werden.

Wird der Deckel des Ofens geschlossen, bevor die obere Koksschicht der Ofenfüllung in Glut gekommen ist, so können sich über derselben, im Kopfe des Ofens, explosive Mischungen von Kohlenoxyd und Luft ansammeln, die beim weiteren Fortschreiten der Glut zur Entzündung kommen und dann zu Verpuffungen bzw. Explosionen Veranlassung geben können. Eine derartige Ansammlung explosiver Mischungen kann nicht stattfinden, solange der Deckel des Ofens offen ist, weil dadurch eine genügende Ventilation hergestellt wird; sie kann auch nicht stattfinden, sobald die oberste Koksschicht glüht, weil dann alle brennbaren Mischungen in dem Maſse, wie sie sich bilden, sofort verbrannt werden. Daher gilt als erste Regel für die Inbetriebsetzung des Ofens:

> 8. Der Deckel des Ofens wird erst dann geschlossen, wenn der ganze Koksinhalt desselben glüht und eine Flamme an der Öffnung erscheint.

Ist der Ofen in der angegebenen Weise in Gang gesetzt, so ist der weitere Betrieb desselben völlig gefahrlos, solange überhaupt die Koksfüllung ausreicht. Störungen können nur vorkommen, wenn die Tätigkeit des Ofens unterbrochen und derselbe von neuem wieder in Gang gesetzt wird.

Hat nämlich der Ofen gearbeitet und wird dann das Gebläse stillgestellt oder der Lufthahn in der Windleitung geschlossen, so wird die zuletzt eingeblasene Luft, die nun mit dem glühenden Koks in Berührung bleibt, in »Generatorgas« verwandelt. Dasselbe verbreitet sich allmählich auch in den Luftraum unter dem Rost und in die Windleitungen und bildet dort mit der noch unveränderten Luft explosive Gemenge. Auch durch die Heißluftröhren und die Düsen strömt es langsam aus, und wenn ein Faß über der Düse liegt, so strömt es in dasselbe ein und bildet mit der dort befindlichen Luft je nach Umständen mehr oder minder explosive Gemische. Wird nun das Gebläse wieder in Gang gesetzt bzw. der Hahn in der Windleitung wieder geöffnet, so werden die unter dem Rost befindlichen Gase gegen die glühende Koksschicht getrieben, entzünden sich dort und die Entzündung pflanzt sich fort, soweit explosives Gasgemisch vorhanden ist. Die Folge ist eine heftige Explosion, die unter Umständen zur Zerstörung der Apparate führen kann. Befindet sich ein Faß auf der Düse, das während des Stillstandes über derselben gelegen hat, so wird auch das dort angesammelte explosive Gasgemisch zur Entzündung kommen und eine Faßexplosion verursachen können.

Um die hier geschilderten Explosionsgefahren zu vermeiden, sind folgende Regeln zu beachten:

9. **Wird das Gebläse stillgesetzt bzw. der Hahn in der Windleitung geschlossen, so ist der Deckel oder ein passender Verschluß am oberen Teil des Ofens zu öffnen und erst dann zu schließen, wenn das Gebläse wieder im Gang und der Lufthahn wieder geöffnet ist.**

10. **Fässer dürfen erst dann auf die Düsen gesetzt werden, wenn der Ofen in regelmäßigem Betriebe ist.**

Wenden wir uns nun zur Betrachtung der

Vorgänge im Faß.

Wie schon oben auseinandergesetzt wurde, hängt die Beschaffenheit der aus den Düsen austretenden Gase wesentlich von der Art des Blasens ab, d. h. von der Stärke und Geschwindigkeit des durch den Ofen getriebenen Luftstromes.

Bei schwachem Blasen entsteht das brennbare Generatorgas, das sich bei seinem Austritt in die freie Luft an den heißen Düsen entzündet und hier mit blauen Flämmchen verbrennt.

Bei starkem Blasen entstehen die kohlensäurehaltigen, nicht brennbaren Gasgemische, und die Flämmchen an den Düsen verlöschen.

Man kann nun sowohl bei schwachem Blasen mit brennender Düse, das ist »mit Flamme«, als auch bei starkem Blasen »ohne Flamme« entpichen und hat demgemäß zwei in ihrem Wesen verschiedene Methoden:

1. das Entpichen mit Flamme,
2. das Entpichen ohne Flamme.

Die erste der beiden Methoden, das Entpichen mit Flamme, wurde früher vielfach angewendet. Es erfordert indessen eine sehr aufmerksame Bedienung des Ofens, und es ist jedenfalls leichter, die Bedingungen einzuhalten, bei welchen der Ofen ohne Flamme arbeitet. Man ist deshalb in neuerer Zeit mehr und mehr vom Entpichen mit Flamme abgekommen, und die modernen Heiſsluftapparate sind wohl alle dazu bestimmt, nach der zweiten Methode, d. h. ohne Flamme, zu arbeiten. Indessen ist es durchaus möglich, den Betrieb derselben auch so zu leiten, daſs mit Flamme entpicht werden kann, und deshalb dürfte es angezeigt sein, hier auch die Regeln aufzunehmen, welche bei dieser Betriebsweise zu beachten sind.

Entpichen mit Flamme. Wird ein zu pichendes Faſs auf die heiſse Düse gesteckt, aus welcher die blaue Flamme des Gases kaum heraustritt, so wird zunächst die Flamme im Innern des Fasses weiter fortbrennen, bis der darin enthaltene Sauerstoff aufgezehrt ist. Die Flamme erlischt alsdann aus Mangel an Sauerstoff, und es entwickeln sich Pechdämpfe, welche ebenfalls keinen Sauerstoff mehr vorfinden und daher unverbrannt mit den Verbrennungsprodukten des Gases und dem jetzt unverbrannt bleibenden eingeblasenen Gase durch das Spundloch entweichen. Wird das Faſs, nachdem das Pech abgelaufen ist, von der Düse abgehoben, so entzündet sich das aus der Düse strömende Gas beim Austritt in die Luft in völlig gefahrloser Weise ohne Explosion und brennt wie zuvor fort. In dem Fasse befindet sich ein vollkommen ungefährliches Gemenge von Pechdämpfen und unverbranntem Gas aus dem Ofen, die Luft ist vollständig ausgetrieben bzw. deren Sauerstoff aufgezehrt, und eine Verbrennung oder Explosion ist unmöglich. Erst nachdem das Faſs erkaltet und wieder Luft eingetreten ist, befindet sich in demselben ein unter Umständen explodierbares Gemenge. Die früher gegebene Regel 6 ist demnach auch hier zu beachten, daſs das Ausbrennen der Spundlöcher etc. vor dem vollständigen Erkalten und Lüften des Fasses nicht stattfinden darf.

Die hier stattfindenden Vorgänge sind überhaupt den beim Aufbrennen der Fässer auftretenden Verhältnissen durchaus ähnlich, und es sind daher auch ganz analoge Vorsichtsmaſsregeln einzuhalten. So ergibt sich ohne weiteres die folgende Regel, welche der unter 5 gegebenen entspricht:

11. Das Faſs darf nicht eher von der Düse genommen werden, als bis es fertig entpicht ist,

und ferner:

12. Ist ein Faſs unvollständig entpicht, so darf dasselbe erst dann wieder auf die Düse gesetzt werden, wenn es erkaltet und gelüftet ist.

Da es beim Entpichen mit Flamme darauf ankommt, das Austreten unverbrannter Gase in das Faſs so lange zu verhüten, als noch Luft in demselben vorhanden ist, die mit den unverbrannten Gasen explosive Gemenge bilden könnte, so ist die weitere Regel zu beachten:

13. **Beim Entpichen mit Flamme ist der Pichofen stets so weit mit Brennstoff gefüllt zu halten und die Windgeschwindigkeit so zu regulieren, daß ein Verlöschen der Flamme an den Düsen nicht eintritt.**

Aus dem gleichen Grunde müssen die Gase auch die Möglichkeit haben, sich sofort wieder zu entzünden, sobald die zur Verbrennung erforderliche Luft vorhanden ist. Daraus ergibt sich die weitere Regel:

14. **Während des Entpichens mit Flamme müssen die Düsen so heiß sein, daß sich die ausströmenden Gase sofort in der Luft entzünden.**

Entpichen ohne Flamme. Wird die Windgeschwindigkeit im Ofen so weit gesteigert, daß nur unverbrennliche Gase aus den Düsen entweichen, so wird beim Einblasen derselben in das Faß zunächst die Luft aus diesem verdrängt und durch das Gasgemisch ersetzt, das weder selbst verbrennlich ist, noch auch die Verbrennung anderer Gase und Dämpfe unterhalten kann. Sobald daher die Luft aus dem Faß durch die Feuergase des Ofens ausgetrieben ist, sind Explosionsgefahren im weiteren normalen Verlauf der Entpichung ausgeschlossen.

Um diese Verhältnisse herzustellen, muß vor allem der Ofen so eingerichtet sein, daß er keine verbrennlichen Gase liefert. Es wird deshalb bei den meisten neueren Heißluftapparaten in den Kopf des Ofens durch eine Zweigleitung Luft eingeführt, um alle etwa aus der Koksschicht austretenden verbrennlichen Gase vor ihrer Ableitung zu den Düsen vollkommen zu verbrennen.

Aber auch in dem Faß dürfen keine verbrennlichen Gase oder Dämpfe vorhanden sein, solange dasselbe noch Luft enthält; denn diese würden sich beim Einblasen der heißen Feuergase entzünden und zu heftigen Faßexplosionen Veranlassung geben können. Es ist daher durchaus unstatthaft, vor dem Entpichen des Fasses heißes Pech in dasselbe zu gießen, und es kann die Regel nicht stark genug betont werden:

15. **Vor dem Entpichen mit Heißluftapparaten darf kein heißes Pech in die Fässer gebracht werden.**

Aus dem gleichen Grunde ist die oben gegebene Regel 10 auf das strengste zu beachten, welche besagt, **daß die Fässer erst dann auf die Düse gelegt werden dürfen, wenn der Ofen in regelmäßigem Betriebe ist;** denn beim Stillstande bilden sich verbrennliche Gase, welche sich im Fasse sammeln und dann zu Explosionen Anlaß geben können.

Wird nun ein Faß in richtiger Weise auf die in Tätigkeit befindliche Düse gesetzt, so werden die heißen Gase ganz allmählich die Faßwände erwärmen, und es wird längst alle Luft aus dem Fasse ausgetrieben sein, bis das Pech an den Wandungen so weit erhitzt ist, daß es brennbare Dämpfe entwickelt. Diese Dämpfe werden dann keinen Sauerstoff mehr vorfinden und daher unverbrannt mit den Feuergasen aus dem Spundloch entweichen. Eine Explosion wird demnach nicht eintreten können, da eben die Bildung explosiver Gemische wegen Luftmangels nicht möglich ist.

Anders aber liegen die Verhältnisse, wenn die in das Faß eingeblasenen Feuergase selbst noch größere Mengen unveränderter Luft enthalten. In diesem Falle würden die entstehenden Pechdämpfe mit der eingeblasenen Luft explosive Gemenge bilden können, die dann bei plötzlicher Entzündung an der heißen Düse imstande wären unter Explosion zu verbrennen. Ein solcher Luftüberschuß kann in den Feuergasen vorkommen, wenn die Koks·füllung im Ofen durch den Abbrand sich unter die zulässige Grenze erniedrigt, oder wenn zuviel Oberluft in den Kopf des Ofens eingeleitet wird. In beiden Fällen werden die Gase mit wesentlich niedrigerer Temperatur aus dem Ofen kommen als bei dem normalen Betrieb, und die Unregelmäßigkeit wird sich dadurch bemerklich machen, daß die Düsen aufhören zu glühen und daß die Entpichung viel längere Zeit in Anspruch nimmt als unter geordneten Verhältnissen.

Um hier Explosionsgefahren zu vermeiden, die durch die eben geschilderten Fehler im Betrieb bedingt werden können, sind folgende Regeln zu beachten:

16. Die Koksfüllung im Pichofen darf nie bis zur Hälfte der normalen Höhe herunterbrennen und muß rechtzeitig ergänzt werden. Der Ofen darf erst dann wieder geschlossen werden, wenn der aufgeschüttete Koks in volle Glut gekommen ist;

und ferner:

17. Die Oberluft muß so reguliert werden, daß die Düsen in schwacher Glut bleiben.

An dieser Stelle mögen noch einige Bemerkungen über das Entpichen nasser Fässer mit Heißluft Platz finden. Ebensowenig wie beim Handpichen ist die Feuchtigkeit oder Nässe Ursache von Explosionen, was am deutlichsten bei der Betrachtung der Pichmaschinen klar werden wird, die mit überhitztem Wasserdampf arbeiten. Es scheint, daß die früher beschriebenen Wahrnehmungen beim Handpichen Veranlassung gegeben haben, der Feuchtigkeit oder Nässe auch beim Maschinenpichen einen unheilvollen Einfluß zuzuschreiben. Das geschieht indessen mit Unrecht. Der einzige Nachteil, welchen die Feuchtigkeit der Fässer beim Entpichen mit Heißluftapparaten ausübt, besteht, soweit sich erkennen läßt, in dem größeren Zeitaufwand, der dadurch veranlaßt wird, daß das vorhandene Wasser erst verdampfen muß, ehe das Pech schmelzen und ablaufen kann.

Dieser Umstand ist jedoch praktisch von solcher Bedeutung und die zur Verdampfung des Wassers verbrauchte Wärmemenge so beträchtlich gegenüber der zum Schmelzen des Peches erforderlichen, daß es aus rein ökonomischen Gründen zweckmäßig ist, die Regel 4 auch hier zu beachten, welche besagt: **Die zum Entpichen kommenden Fässer sollen trocken sein.**

Werden nun die Fässer, vor der eigentlichen Entpichung, über Heißluftdüsen oder Flammdüsen in ähnlicher Weise getrocknet, wie beim Abschmelzen des Peches verfahren wird, so liegt die Gefahr nahe, daß die Fässer auf der Trockendüse nicht nur vollständig vom Wasser befreit, sondern auch so weit erhitzt werden, daß sich Pechdämpfe entwickeln, oder daß sie verbrennliche Gase enthalten. In diesem Falle können beim Aufsetzen der Fässer auf die Pichdüse Explosionen entstehen, und man hat daher zur Vermeidung solcher Gefahren die weitere Regel zu beachten:

18. **Über der Düse getrocknete Fässer dürfen erst dann entpicht werden, wenn sie erkaltet und gelüftet sind.**

Schließlich muß hier noch der Einrichtungen zur Abführung des Qualmes gedacht werden, die neuerdings vielfach namentlich bei größeren stationären Anlagen angebracht werden. Der aus den Fässern entweichende Qualm ist ein sehr wechselndes Gemisch von Pechdämpfen und verbrennlichen Gasen mit Verbrennungsprodukten aus dem Pichofen. Dasselbe kommt im Faß nicht zur Verbrennung, weil es dort an der nötigen Luft fehlt. Bei der Qualmabführung ist reichlich Gelegenheit zur Beimischung von Luft gegeben, und so entstehen hier Gemenge, welche alle Eigenschaften explosibler Gasmischungen besitzen. Bei einer Entzündung treten dann im Qualmkanal Verpuffungen ein, die leicht die Zerstörung der Kanäle, wenn nicht Schlimmeres, zur Folge haben können. Es muß deshalb jede Möglichkeit einer Entzündung des Qualmes ausgeschlossen werden. Insbesondere ist es ganz unstatthaft, den Qualm in Kamine abzuleiten, an welche Feuerungsanlagen angeschlossen sind, oder gar denselben in Feuerungen einzuführen, um ihn hier zu verbrennen. Eine entsprechende Regel wird später bei der Behandlung der Einspritzapparate formuliert werden, bei denen eine Entzündung des Qualmes zu den unheilvollsten Faßexplosionen führen kann.

D. Das Entpichen mit überhitztem Dampf.

Die Heißdampf-Entpichmaschinen haben nur geringe Verbreitung in der Praxis gefunden. Die beiden hierher gehörigen Konstruktionen von F. Ringhoffer in Smichow bei Prag und von G. König in Speyer sind ihrem Wesen nach völlig zu den Heißluft-Entpichmaschinen zu rechnen, und alle die dort gegebenen Vorsichtsmaßregeln gelten auch hier. Der überhitzte Dampf hat bei diesen Apparaten in erster Linie die rein mechanische

Aufgabe, aus dem Koksofen heiße Gase anzusaugen und dieselben durch die Düsen in die Fässer zu führen. Erst in zweiter Linie dient er, wie die heißen Koksofengase, mit denen er gemischt ist, zum Abschmelzen des Peches. Mit der Zuführung von Wasserdampf sind besondere Umstände, welche eine Explosionsgefahr der hier in Rede stehenden Art bedingen könnten, nicht verbunden, so daß von einer weiteren Besprechung dieser Apparate hier abgesehen werden kann.

Der Vollständigkeit halber möge schließlich noch der Frohbergsche Pichapparat Erwähnung finden, bei dem der Dampf eines Dampfkessels zunächst durch einen »Überhitzer« geleitet und dann in einen von unten geheizten Pechkessel über das flüssige Pech eingeführt wird. Aus dem Pechkessel heraus führt eine Düse den Dampf in das zu entpichende Faß, in welchem derselbe das Abschmelzen des alten Peches in ähnlicher Weise bewirkt wie die heißen Gase bei den Heißluft-Entpichmaschinen. Der in das Faß einströmende Dampf besitzt eine Temperatur, welche die des heißen Peches im Pechkessel nicht sehr wesentlich übersteigt. Er bietet dabei weder Gelegenheit zur Bildung explosiver Gemische, noch besitzt er die Fähigkeit, etwaige anderweitig entstandene Explosionsgemische zu entzünden.

Nach der Entpichung wird die im Pechkessel beweglich angeordnete Eintrittsöffnung der Düse bis nahe zum Kesselboden gesenkt, also in das Pech eingetaucht. Der in den Pechkessel einströmende Dampf treibt dann das heiße Pech durch die Düse in das Faß, wodurch die Neupichung erfolgt. Der Apparat wirkt dann als Einspritz-Pichmaschine und gehört als solche dem Wesen nach zu der Klasse der Injektionsapparate, die im folgenden besprochen werden sollen. Zu besonderen Bemerkungen gibt auch hier die Verwendung des Wasserdampfes keinen Anlaß.

E. Das Entpichen und Pichen mit heißem Pech.

Während die bisher besprochenen Pichmethoden in ihren Grundlagen schon lange bekannt waren und in den letzten zwanzig Jahren nur weiter ausgebildet und verbessert worden sind, ist das Einspritzverfahren auch im Prinzip neu. Dasselbe bedeutet zweifellos einen wesentlichen Fortschritt auf dem Gebiete des Pichereiwesens, und die damit erzielten praktischen Erfolge sind so unverkennbar, daß es in neuester Zeit immer allgemeinere Anwendung findet. Die früher gehegte Hoffnung aber, daß mit der Einführung des Einspritzverfahrens die gefürchteten Faßexplosionen gänzlich verschwinden würden, hat sich leider nicht erfüllt, und es ist nun unsere Aufgabe, die Umstände aufzusuchen, welche eine Explosion veranlassen können, und danach die Mittel zu deren Verhütung anzugeben.

Wie aus den Darlegungen im ersten Abschnitt dieser Arbeit hervorgeht, sind die beiden wesentlichen Vorbedingungen für den Eintritt einer Explosion:

1. die Bildung eines explosiven Pechdampf-Luftgemisches,
2. die Entzündung desselben.

Nur wenn diese beiden Bedingungen gleichzeitig erfüllt sind, tritt eine Explosion ein.

Untersuchen wir nun das Einspritzverfahren nach diesen allgemeinen Gesichtspunkten, so können wir zunächst von den konstruktiven Verschiedenheiten der einzelnen Apparate ganz absehen.

Bei allen hierher gehörigen Systemen wird das heiße Pech mit einer Temperatur von etwa 200° bis 220° in die Fässer eingespritzt. Diese Temperatur kann nicht wesentlich erniedrigt werden, da sonst das Pech nicht genügend dünnflüssig sein würde, wie aus dem im zweiten Abschnitt dieser Arbeit mitgeteilten Verhalten des Peches beim Erhitzen hervorgeht. Bei dieser Temperatur aber entwickelt das Pech, wie ebenfalls dort gezeigt wurde, schon so viel brennbare Dämpfe, daß dieselben ausreichen, um mit der im Faß enthaltenen Luft explosive Gemenge zu erzeugen. Während des Pecheinspritzens sind also in der Regel Explosionsgemische im Faß enthalten.

Nur wenn die Fässer unmittelbar vor dem Einspritzen des Peches auf der Heißluftmaschine entpicht wurden und noch heiß auf den Spritzapparat kommen, liegen die Verhältnisse insofern günstiger, als dann die Luft im Faß zum größten Teil durch Ofengase verdrängt bzw. ersetzt ist, die mit den Pechdämpfen keine explosiven Gemenge bilden können. Das ist bei dem Pichverfahren von W^m. Arnemann und S. Lion-Levy der Fall, bei welchem die Entpichung mittels Heißluftapparaten geschieht und nur die Neupichung durch Pecheinspritzen vorgenommen wird. Es lassen sich indessen auch hier Umstände denken, die eine Ansammlung explosiver Gemische im Faß ermöglichen. Das kann z. B. eintreten, wenn das mit der Heißluftmaschine entpichte Faß nicht sofort auf die Spritzdüse gebracht werden kann, so daß dasselbe mehr oder weniger auskühlt und von neuem Luft eintritt. Wenn daher auch durch das kombinierte Pichverfahren die Möglichkeit der Bildung explosiver Mischungen wesentlich eingeschränkt wird, so wird sie doch nicht völlig und nicht mit Sicherheit ausgeschlossen. Es ist deshalb zu empfehlen, auch hier alle die Vorsichtsmaßregeln zu beachten, die bei Gegenwart explosiver Gemische anzuwenden sind.

Wenn daher beim Einspritzen von Pech stets das Vorhandensein explosiver Mischungen im Faß vorausgesetzt werden muß, so sind Explosionsgefahren nur dadurch zu vermeiden, daß jede Möglichkeit einer Entzündung der im Faß befindlichen Pechdämpfe ausgeschlossen wird.

Fragen wir uns nun, um bestimmtere Anhaltspunkte für die Auf-
stellung von »Regeln« zu gewinnen, nach den Umständen, welche eine
Entzündung der Dämpfe veranlassen können, so haben wir folgende
Möglichkeiten zu unterscheiden:

Entzündung kann eintreten durch

    1. offenes Feuer oder glühende Körper,

    2. chemische Reaktionen,

    3. Reibung,

    4. elektrische Funken.

Die erste dieser vier Möglichkeiten ist ohne weiteres einleuchtend,
und es läßt sich unmittelbar die Regel aufstellen:

    19. Während der Picharbeit mit Einspritzapparaten
        dürfen keine brennenden oder glühenden Gegen-
        stände in die Nähe des auf der Spritzdüse liegenden
        Fasses gebracht werden,

und ferner folgt aus dem Gesagten:

    20. Während ein Faß auf der Spritzdüse liegt, darf die
        Feuertür der Kesselfeuerung nicht geöffnet werden.

Da endlich die Möglichkeit vorliegt, daß etwa auf dem Apparat ver-
schüttetes Pech an der Stirnwand der Einmauerung herunterläuft, sich an
der Feuerung entzündet und die Flamme bis zum Faß weiterleitet, so
ergibt sich die weitere Regel:

    21. Der Deckel des Apparates ist auch während der Pich-
        arbeit stets sauber zu halten. Etwa verschüttetes
        Pech ist sofort zu entfernen.

Um aber auch bei etwaiger Unachtsamkeit oder plötzlichem Versagen
des Pechrücklaufes die Gefahr der Entzündung auszuschließen, empfiehlt
es sich, ein gebogenes Schutzblech über der Feuertür in das
Mauerwerk einzulassen, derart, daß von dem Apparat abfließendes
Pech nicht zur Feuertür gelangen kann, sondern an den Seiten der Feuerung
abläuft.

Gänzlich unzulässig und im höchsten Grade gefährlich ist es, den
Qualm aus dem Faß oder dem Apparat in einen Kamin abzuleiten, an
welchen Feuerungsanlagen irgendwelcher Art angeschlossen sind, oder gar
den Qualm in die Feuerung zu führen, um ihn hier zu verbrennen. Denn
es handelt sich hier nicht um harmlosen Rauch, sondern um ein explosives
Pechdampf-Luftgemisch, das, einmal am Feuer entzündet, die Explosionsflamme mit großer Geschwindigkeit rückwärts in den Apparat und das Faß
leiten kann. Solche Umstände können selbst dann eintreten, wenn der
Qualmkanal und der Abzugskanal der Feuerung an ganz verschiedenen
Stellen in den Schornstein münden. Es kann daher nicht dringend genug
die Regel zur Beachtung empfohlen werden:

22. Der Qualm aus Pichmaschinen oder Fässern darf
     nicht in Feuerungskamine oder in eine Feuerung
     eingeführt werden, sondern ist stets durch einen
     besonderen, von jeder Feuerung getrennten Schlot
     abzuleiten.

Unmittelbar nach der Pichung ist das Faß noch gefüllt mit dem
explosiven Pechdampf-Luftgemisch, und eine Annäherung von offenem
Licht oder Feuer oder auch von glühenden Gegenständen kann Entzündung
und Explosion zur Folge haben. Erst wenn das Faß abgekühlt und
gelüftet ist, sind die Pechdämpfe so weit kondensiert bzw. entfernt, daß
eine Entzündung nicht mehr möglich ist.

Daraus ergibt sich die Regel:
23. Fässer dürfen nach dem Pichen erst dann aus-
     geleuchtet werden, wenn sie erkaltet und gelüftet
     sind.

Wenden wir uns nun zu der zweiten Möglichkeit, der Entzündung
durch chemische Reaktionen. Man hat die Möglichkeit einer Selbstentzündung des eingespritzten Peches oder des Qualmes durch die Einwirkung
des in der Luft enthaltenen Sauerstoffes wiederholt in Betracht gezogen,
um Explosionen zu erklären, für welche anderweitige Ursachen nicht zu
ermitteln waren. Indessen sind bisher keinerlei Beobachtungen gemacht
worden, welche die Annahme einer solchen Selbstentzündung rechtfertigen.
Nach der Natur der hier in Betracht kommenden Stoffe (Pech, Harzöl etc.)
und nach Lage der Verhältnisse darf hier eine Selbstentzündung durch
chemische Reaktionen als ausgeschlossen betrachtet werden.

Die dritte Möglichkeit, die Entzündung durch Reibung, ist ebenfalls
vielfach erörtert worden. Hierzu ist zu bemerken, daß weder die Reibung
der in den Fässern rotierenden Düsen an den Spundbüchsen, noch die
Reibung des Peches zwischen den Düsen und dem Faß, noch endlich die
Reibung der ausströmenden Gase und Dämpfe imstande ist, so viel Wärme
zu erzeugen, daß die Entzündungstemperatur erreicht werden könnte. Die
Möglichkeit, daß durch die Reibung gleitender Riemen eine Entzündung
verursacht würde, ist ja an sich nicht völlig von der Hand zu weisen, doch
käme diese Möglichkeit nur beim Theurer-Milwaukee-Apparat in Frage, und
auch hier ist nach Lage der Verhältnisse eine Entzündung durch Riemen-
reibung in hohem Maße unwahrscheinlich.

Die letzte der oben angegebenen Möglichkeiten ist die Entzündung
durch elektrische Funken. Auf diese hat zuerst Dr. J. Brand[1] in München
aufmerksam gemacht, und es ist ihm in der Tat gelungen, an einzelnen
Fässern beim Pichen mit dem Theurer-Milwaukee-Apparat elektrische Erregung nachzuweisen, wenn die Fässer vollständig trocken waren. Die von

---
[1] Dr. J. Brand, Zeitschr. f. d. gesamte Brauwesen. Jahrg. 1901, S. 481.

ihm beobachteten Spannungen waren allerdings nicht größer, als daß sie sich mit einem empfindlichen Elektroskop noch deutlich nachweisen ließen, nämlich etwa 300 Volt. Es ist indessen durchaus möglich, daß unter anderen Bedingungen auch wesentlich höhere Spannungen und infolgedessen auch Funkenentladungen auftreten können. Jedenfalls ist durch die Brandschen Versuche der Nachweis erbracht worden, daß hier Elektrizität entstehen kann, und daß mit diesem Umstande gerechnet werden muß.

Um nun diese Erkenntnis für die Verhütung von Explosionsgefahren nutzbar zu machen, haben wir uns bemüht, die Ursache solcher elektrischer Erscheinungen durch eigene Versuche zu ermitteln. Zu diesem Zwecke wurde eine große Anzahl von Fässern beim Pichen mit dem Theurer-Apparat wie auch mit Neubeckers Pichmaschine mit dem Elektroskop untersucht; doch hat sich dabei niemals auch nur die geringste Spur von elektrischer Erregung nachweisen lassen. Auch die aus den Fässern entweichenden Dämpfe wurden geprüft, aber ohne positives Resultat. Ebenso konnte keine Spur von Elektrizität nachgewiesen werden, wenn geschmolzenes Pech mit Holz oder Metall gepeitscht oder gerührt wurde, obgleich bei diesen Versuchen besonders günstige Bedingungen für die Entstehung elektrischer Ladungen gewählt worden waren.

Hieraus darf mit einiger Wahrscheinlichkeit geschlossen werden, daß nicht das Einspritzen des heißen Peches in die Fässer, bzw. dessen Reibung am Holz oder Metall, noch auch das Entweichen der Pechdämpfe aus dem Zapf- und Spundloch an sich die Ursache der Elektrizitätserregung sein wird, sondern daß dieselbe wohl in besonderen Umständen gesucht werden muß.

Zieht man nun die konstruktiven Eigentümlichkeiten der Theurer-Maschine in Betracht, bei welcher Dr. Brand die elektrische Erregung in den Fässern beobachtet hat, so findet man an ihr eine Einrichtung, die unter Umständen zu einer recht ausgiebigen Elektrizitätsquelle werden kann, das ist die Riementransmission der Pechpumpe.

Es ist allgemein bekannt, daß Riemen stark elektrisch werden können, wenn sie, wie hier, mit großer Geschwindigkeit über Riemenscheiben laufen, so stark, daß dieselben unter Umständen zentimeterlange Funken zu liefern imstande sind.

Bei der Theurer-Maschine läuft nun der Riemen, welcher die Pechpumpe antreibt, nahe an den zu pichenden Fässern vorbei, und wenn er elektrisch wird, so ist es nicht ausgeschlossen, daß diese dann, ähnlich wie der Konduktor einer Elektrisiermaschine, geladen werden können, bis sie Funken geben. Besonders günstig für die Ansammlung von Elektrizität liegen die Verhältnisse beim Pichen großer Fässer, die über dem Spritzkopf aufgehängt werden, namentlich wenn dieselben innen und außen ganz trocken sind. Springen dann Funken von dem Faß auf die Metallteile

der Maschine über, so können sie unter geeigneten Bedingungen die Pechdämpfe entzünden und eine Explosion der im Faſs befindlichen explosiven
Mischungen veranlassen.   Selbst die aus dem Riemen übergehenden Funken
sind schon imstande, eine Entzündung zu verursachen.

Wenn nun auch solche Verhältnisse, wie sie hier geschildert wurden,
nur selten vorliegen und noch seltener zur Katastrophe führen werden, so
ist es doch unbedingt erforderlich, auch diese Möglichkeit auszuschlieſsen,
zumal da dieselbe, wie es scheint, schon zu schweren Unglücksfällen Veranlassung gegeben hat.   Es wäre wohl am zweckmäſsigsten, die Riementransmission an der Theurer-Maschine durch eine geeignete andere, etwa
eine Welle mit Zahnrad- oder Schraubengetriebe, zu ersetzen.   Wo das nicht
angängig ist, könnte durch Überdeckung des Riemens mit einem passen-
den Kasten geholfen werden.   Dieses letztere Mittel ist so einfach, daſs es
jedenfalls angewendet werden sollte, und es ist daher die Regel aufzustellen:

24. Die Riementransmissionen an Einspritzapparaten
sind zu vermeiden oder mit geeigneten Schutzkasten
zu überdecken.

Um aber schwerere Unglücksfälle und Verletzungen von Personen
zu verhüten, auch wenn durch Fahrlässigkeit oder andere Umstände eine
Explosion eintreten sollte, ist jedenfalls und aufs strengste darauf zu sehen,
daſs sich Personen während des Pichens, besonders von Lagerfässern, nicht
vor den Faſsböden aufhalten.   Es sollte deshalb auf jedem Pichplatz in
weithin sichtbarer Schrift die Warnung bekannt gemacht werden:

**Es ist verboten, sich während der Picharbeit vor den
Faſsböden der auf der Maschine liegenden Fässer aufzuhalten.**

Bei der Neubearbeitung der Frage:

> **Welches sind die Ursachen der Faßexplosionen beim Pichen, und wie können die Gefahren ohne große Kosten vermieden werden?**

haben wir uns bemüht, dies Thema möglichst einfach und klar und möglichst ohne wissenschaftliche Einzelheiten zu behandeln. Die Zahl der früher aufgestellten Regeln zur Vermeidung der Explosionsgefahren ist naturgemäß mit der Einführung der modernen Pichmethoden gewachsen, doch ist dadurch wohl kaum eine Komplikation der Sache selbst eingetreten.

Die Grundsätze, die bei der ersten Bearbeitung des Gegenstandes vom Jahre 1883 maßgebend waren, haben uns auch hier geleitet. Insbesondere wurde vermieden, die Apparate und Verfahren einer Kritik hinsichtlich ihrer Brauchbarkeit und konstruktiven Durchbildung zu unterziehen. Ein Urteil in dieser Hinsicht wird sich der erfahrene Fachmann am besten selbst bilden können. Auch ist es selbstverständlich nicht möglich gewesen, alle bisher in Vorschlag gebrachten Pichapparate zu beschreiben oder zu erwähnen. Eine derartige Sammlung hätte den Umfang der Arbeit ohne wesentlichen Nutzen nur erweitert. Wir haben uns deshalb darauf beschränkt, diejenigen Apparate zu beschreiben, für welche uns seitens der Fabrikanten auf die ergangene öffentliche Aufforderung hin die nötigen Unterlagen gegeben wurden. Die verschiedenen Prinzipien aber, welche den gegenwärtig in Benutzung befindlichen Pichapparaten und Verfahren zugrunde liegen, dürften durch die beschriebenen und abgebildeten Apparate wohl vollständig wiedergegeben sein, und so glauben wir annehmen zu dürfen, daß auch die Behandlung der oben angedeuteten Frage eine so umfassende ist, als es die hohe Wichtigkeit derselben immer erheischt.

Was die Abbildungen anlangt, so sollen dieselben keine Konstruktionszeichnungen sein, sondern lediglich Skizzen, welche die Ausführung der Apparate veranschaulichen und im Zusammenhang mit der Beschreibung ein Bild der Wirkungsweise geben.

Wenn wir auch nicht annehmen, daß durch die Herausgabe der vorliegenden Arbeit die gefürchteten Faßexplosionen aus der Welt geschafft werden können, so hoffen wir doch, daß dieselbe dazu beitragen wird ihre Zahl zu vermindern. Den größten Wert legen wir darauf, daß in den beteiligten Kreisen die Natur der Explosionen und die Ursachen derselben richtig erkannt werden, und wenn die vorliegende Arbeit in dieser Richtung förderlich ist, so hat sie ihren Zweck erfüllt, denn mit der richtigen Beurteilung der Gefahr sind auch die Mittel zu ihrer Vermeidung von selbst gegeben.

Karlsruhe im Juni 1904.

Dr. H. Bunte.   **Dr. P. Eitner.**

Regeln zur Vermeidung vo

Zusa

»Die Explosionsgefahr beim Faßp

Gutachten im Auftrage des Deutschen Brauerbun

I. Faßpichen mit offener Flamme

ohne Apparate und mit den sog. Aufbrennapparaten von Jung, Hagenmü
König und ähnlichen.

1. Das Pech darf beim Eingießen in das Faß nicht überhitzt sein (ca. 250

2. Es dürfen nur kleine Mengen von Pech auf einmal eingegossen we
(ca. 3 bis 4 Liter auf ein Lagerfaß mit 30 bis 40 Hektoliter).

3. Das Pech muß sofort nach dem Einbringen in das Faß entzündet we

4. Zum Pichen kommende Fässer müssen trocken sein.

5. Erlischt die Flamme im Faß vor dem vollständigen Entpichen des Fa
so darf das Pech nicht wieder entzündet werden bis das Faß wieder erkaltet
gelüftet ist.

6. Nach Beendigung des Entpichens muß das Feuer im Faß vollständig ers
werden, deshalb sind alle Aus- und Eingangsöffnungen dicht zu schließen.

7. Das Ausbrennen der Spundlöcher darf erst nach dem vollständigen L
des gepichten Fasses geschehen.

II. Pichen mit Heißsluftapparaten.

1. Beim Ingangsetzen des Pichofens darf der Deckel desselben erst dann
gesetzt werden, wenn der ganze Koksinhalt desselben glüht und eine Flamm
der Öffnung erscheint.

2. Die glühende Brennschicht im Pichofen muß mindestens 50 cm hoch s
ein Leerbrennen des Koksofens während der Arbeit darf nicht vorkommen.

3. Beim Pichen ohne Flamme ist jede Möglichkeit der Entzündung a
schließen, und es darf niemals eine Flamme an der Düse erscheinen.

4. Beim Entpichen mit Flamme müssen die Düsen stets so heiß sein,
sich die Gase beim Ausfahren aus dem Faß sofort wieder entzünden und
Flamme fortbrennen.

5. Wird das Gebläse stillgesetzt oder der Lufthahn geschlossen, so ist
Deckel des Pichofens oder ein passender Verschluß am oberen Teil des Ofen
öffnen und erst dann zu schließen, wenn das Gebläse wieder in Gang gesetzt
der Lufthahn geöffnet ist.

Es ist verboten sich während der Picharbeit vor den

---

6. Fässer dürfen erst dann vor die Düsen gebracht werden, wenn der Pich-en in regelmäſsigem Gang ist.

7. Zum Pichen kommende Fässer müssen trocken sein.

8. Vor dem Entpichen darf kein heiſses Pech in das Faſs gebracht werden.

9. Das Faſs darf nicht eher von der Düse genommen werden, bis es fertig ntpicht ist.

10. Ein unvollständig entpichtes Faſs darf erst dann wieder an die Düse ge-racht werden, wenn es erkaltet und gelüftet ist.

11. Über der Düse getrocknete Fässer dürfen erst entpicht werden, nachdem e erkaltet und gelüftet sind.

12. Nach Beendigung des Entpichens muſs das Feuer im Faſs vollständig er-tickt werden, deshalb sind alle Aus- und Eingangsöffnungen dicht zu schlieſsen.

13. Das Ausbrennen der Spundlöcher darf erst nach dem vollständigen Lüften es gepichten Fasses geschehen.

III. Pichen mit Einspritzapparaten.

1. Während der Picharbeit mit Einspritzapparaten dürfen keine brennende der glühende Gegenstände in die Nähe des auf der Spritzdüse liegenden Fasses gebracht werden.

2. Während ein Faſs auf der Spritzdüse liegt, darf die Feuertür der Kessel-euerung nicht geöffnet werden.

3. Der Deckel des Apparates ist auch während der Picharbeit stets sauber zu halten. Etwa verspritztes Pech ist sofort zu entfernen.

4. Der Qualm aus Pichmaschinen oder Fässern darf nicht in Feuerungs-kamine oder in eine Feuerung eingeführt werden, sondern ist stets durch einen besonderen, von jeder Feuerung getrennten Schlot abzuleiten.

5. Fässer dürfen nach dem Pichen erst dann ausgeleuchtet werden, wenn sie erkaltet und gelüftet sind.

6. Das Ausbrennen der Spundlöcher darf erst nach dem vollständigen Lüften les gepichten Fasses geschehen.

Ien der auf der Maschine liegenden Fässer aufzuhalten.